U0216933

Context Centered Design:

Interaction Design Theory and Methodology for Cyber-Physical Systems

以情境为中心的设计

——面向信息物理系统的交互设计理论与方法

王军锋　著

图书在版编目(CIP)数据

以情境为中心的设计：面向信息物理系统的交互设计理论与方法/王军锋著.—厦门：厦门大学出版社，2019.11

ISBN 978-7-5615-7264-1

Ⅰ.①以…　Ⅱ.①王…　Ⅲ.①控制系统—研究　Ⅳ.①TP271

中国版本图书馆 CIP 数据核字(2019)第 263358 号

出 版 人　郑文礼
责任编辑　李峰伟

出版发行　厦门大学出版社
社　　址　厦门市软件园二期望海路 39 号
邮政编码　361008
总　　机　0592-2181111　0592-2181406(传真)
营销中心　0592-2184458　0592-2181365
网　　址　http://www.xmupress.com
邮　　箱　xmup@xmupress.com
印　　刷　厦门兴立通印刷设计有限公司

开本　720 mm×1 000 mm　1/16
印张　11.25
插页　2
字数　200 千字
版次　2019 年 11 月第 1 版
印次　2019 年 11 月第 1 次印刷
定价　56.00 元

厦门大学出版社
微信二维码

厦门大学出版社
微博二维码

前　言

嵌入式计算、传感器监控、无线通信、大规模数据处理等技术的发展使得物理过程、计算过程和通信过程高度集成。将感知控制能力、计算能力和通信能力深度嵌入物理过程，可实现物理设备的信息化和网络化，从而催生了集计算、通信和控制为一体的信息物理系统（cyber-physical systems，CPS）。

CPS 通过对物理环境和资源的动态感知、信息的实时可靠传输、数据的综合计算处理、物理过程的反馈循环控制，可以实现系统的自动运行和管理。由此，CPS 可以根据特定的情境信息主动为人提供有针对性、符合人类潜在需求的服务，这与传统的人-系统交互方式存在巨大差别。传统的人机交互模型无法准确描述 CPS 和人之间的交互过程，已有的交互设计方法也不适用于 CPS 的功能规划和交互设计。针对相关系统设计开发项目的研究分析也表明，CPS 的功能实现方式及其与人的交互方式极大地影响着人对 CPS 的接受度和价值认可度。如何定义 CPS 所应提供的服务，描述 CPS 与人的交互行为，构建 CPS 交互设计原型是相应的系统开发亟须解决的问题。

笔者在本书中综述了人工系统、人机交互和交互设计的发展历史之后，分析了 CPS 作为一种新兴人工系统所存在的特殊交互设计问题，建立了以情境为中心的交互设计理论（context-centered design，CCD）；提出了基于用户交互能力的情境感知方法，在此基础上发展了一套完整、可执行的设计流程框架；针对 CPS 交互设计的系统功能定义、设计表达、设计原型 3 个主要阶段的关键设计问题进行了研究，提出了具体的解决方案。本书的主要内容包括：

第 1 章概述了 CPS 的出现、发展以及相关研究进展，讨论了交互设计相关概念，综述了已有的人机交互模型和交互设计方法论体系，最后从

新的交互类型、复杂的交互关系、交互行为的变化等方面详细分析了 CPS 交互设计待解决的问题。

第 2 章针对 CPS 的交互设计问题，提出了以情境为中心的设计理论，详细分析了 CPS 交互设计与传统人机交互设计的差异化工作内容。基于传统人机交互模型，构建了 CPS 五层交互模型，用以解释 CPS 和人的交互过程。确立交互情境是影响 CPS 交互过程的主要因素，并拓展了其外延；创立了以情境为中心的交互设计理论，为 CPS 交互设计提供理论支撑。同时，分析了 CPS 交互设计的主要工作内容，在此基础之上定义了 CPS 交互设计的工作流程，用以指导相关工作的开展。

第 3 章针对 CPS 通过感知情境提供服务的问题，提出了一种基于用户交互能力的情境感知方法。根据系统设计目标筛选出用户信息、设备信息、环境拓扑和软件信息作为 CPS 与人交互的情境信息，并将其划分为宏观情境和微观情境，以提升推理效率。构建了包括传感器层、情境推理层、系统资源调用层和业务服务层 4 个部分的情境感知框架，在此框架之上，开发了包括设备单元和协调器单元的模糊逻辑组织推理机，对用户视觉、操作、移动等方面的交互能力和人机界面偏好信息进行推理，从而筛选出最符合用户特征的设备提供服务，有效地解决了 CPS 服务推送的交互设备优选问题，最后通过案例验证了所提出方法的有效性和系统执行效率。

第 4 章针对 CPS 的功能设计问题，提出了基于情景-服务匹配的 CPS 功能定义方法。从交互情境引申出情景的概念，参考任务-技术匹配模型构建情景-服务匹配模型（situation-service fit，SSF），将其细分为行为-服务匹配、模态-服务匹配、位置-服务匹配以及时间-服务匹配，用以解释情景对系统服务的影响，并给出了利用 SSF 定义系统功能的方法。阐述了通过设计工作坊激发系统功能定义方案的方法，详细说明了设计工作坊的准备、具体实施、结果发布和讨论等各阶段的工作方法。结合技术接受模型建立了 TAM/SSF 整合模型，用以评估 CPS 的功能设计方案，最后通过案例验证了所提出功能定义方法和评估方法的有效性和实施过程。

第 5 章针对 CPS 交互设计的表达问题，建立了 3 种设计表达模型。首先研究了设计知识的 3 种类型——非形式化知识、半形式化知识和形式化知识，并分析了三者之间的转化关系，提出了与之对应的 CPS 交互设计表达模型。针对 CPS 功能设计概念，结合叙事方法，建立 CPS 交互设计的叙事模型。从叙事模型中提取交互主体和情境要素，建立图表模型，利用角色交互、界面服务角色化、角色使用信息、角色创造信息、角色使用服务、服务使用信息和服务交互 7 种设计模式表达系统与人的交互过程。从图表模型中提取概念和拓扑关系，利用拓扑建模软件建立交互设计的形式化模型，支持后续的系统开发工作，最后通过案例具体说明了 3 种模型的建立方法。

第 6 章针对 CPS 交互设计的原型构建问题，开发了计算机辅助设计原型系统。首先提出了系统开发资源分析方法，用以研究系统构成要素（人、环境、物理实体、信息对象）的原型构建方法，基于计算机辅助三维设计技术、模糊逻辑推理技术、软件界面原型技术构建了计算机辅助 CPS 交互设计原型系统。同时，说明了系统总体框架和工作原理以及设计师利用该系统构建交互设计原型并进行评估的流程，介绍了各功能模块的作用。案例验证表明，利用所提出系统构建交互原型能更有效地模拟 CPS 的情境动态变化和情境感知过程，提升测试用户的沉浸感。

本书是国内第一部系统研究信息物理系统交互设计问题的专著。书中的内容基于笔者博士期间以及后续多年的研究成果整合而成，有望为 CPS 的交互设计奠定理论基础，并提供系统性的方法指导，同时为人机交互设计领域的研究提供新的思路与方向。

本书面向的读者包括从事信息物理系统、物联网系统、人工智能系统等对象的设计与开发工作的设计师和开发工程师，从事工业设计、人机交互设计、服务设计、信息系统设计与开发等相关领域的设计师和研究人员，以及相关领域的高校师生。

CPS 属于新兴的系统概念，其交互设计问题涉及的内容多，知识面广，本书仅从系统情境这一要素开展研究，提出了相应的设计理论与方法。笔者所提出的以情境为中心的设计方法仅是一种解决方案，未来可以考虑基于传统的目标导向设计理念提出新的解决方案。本书仅针对用户涉入程度较深的智能家居系统提出了基于交互能力的情境感知框架和推理方法，未来可以面向智慧交通、智慧医疗、智慧城市等新应用领域，提出有针对性的情境感知方法。书中提出的CPS交互设计原型系统开发是一项庞大而复杂的任务，由于时间的限制，笔者只实现了一些基本功能，并且只利用智能浴室案例进行了验证，后续需要投入更多的人力和时间对系统进行完善，并验证其他应用对象的原型构建方法。

本书得到深圳技术大学学术著作出版基金资助。

鉴于笔者学识有限，书中内容和观点难免有与读者认识相左之处，恳盼广大读者和同行给予批评指正！

王军锋

2019年11月15日于鹏城

目　录

第1章　绪　论

1.1　信息物理系统

作为一种新兴人工系统，信息物理系统（cyber-physical systems，CPS）将物理对象和信息对象深度融合，拥有更加多样化的构成要素，系统的安全性要求更高，系统行为更加智能，因而系统构成要素间的交互关系也比以往人工系统中的人机关系更为复杂。在 CPS 概念提出后不久，世界各地的科研人员就从各种角度对其展开了广泛的研究，纷纷提出各自的观点。

1.1.1　CPS 的出现

第二次工业革命前，人造技术系统是纯机械式的，系统的驱动力大多来自蒸汽机。第二次工业革命的主要特征是电磁技术的广泛应用，这为传统机械系统带来了电磁驱动力[1]。到 20 世纪 30 年代初期，电动机械系统出现了模拟控制技术。20 世纪 50 年代，由数字化控制和计算技术驱动的第三次技术革命使得利用数字处理器和计算机控制电动系统成为可能[2]。20 世纪 70 年代，数字计算开始与电子控制技术相结合，80 年代初期，微型处理器的出现更加速了这一趋势，并催生了机械电子工程的概念[3]。机械、电子、控制以及计算技术的发展催生了整个社会对更为复杂的工业化系统和基础设施解决方案的需求[4]。

20 世纪 70 年代，日本机器工业促进会把机械电子产品分为 4 类：①带有额外电子元器件、功能有所改进的机械产品；②利用电子技术改进内部设备的传统机械系统；③保留了传统机械系统的功能，但内部机械结构由电子元器件代替的系统；④综合利用机械技术和电子技术，各取其长处设计而来的产品。但这种分类方法已经过时，因为随着数字计算和通信技术的迅速发展，产品所采用的技术和表现形式发生了很大的变化。

高级机械电子产品，如类人机器人和同类设备都带有复杂的传感器、人机界面、处理器、执行器，另外还嵌入了复杂的控制算法、软件和通信手段。探索相关资源和知识密集型技术是 20 世纪 80 年代以后高级机械电子系统研发的主要目标，其目的在于使控制软件具备更高水平的灵活性和适应性[5]。常见的高级机械电子系统（advanced mechanical systems）如图 1-1 所示，实现这类系统，不仅需要高级的软件设计和编程技术，还需要新的软件架构概念，如基于 Agent 和组件的软件架构。这些技术促使产品实现了更加集成、更为复杂的功能。以上技术和人们对复杂功能、结构的期待催生出了嵌入式系统（embedded systems）。最初，嵌入式系统研发的目标是开发出更加智能、具有自适应结构、部分自动化和可重新编程的系统[6]。在嵌入式系统中，计算机（确切地说，应该是嵌入式微型处理器和软件）用来实现以上的系统特征和功能。在传统的电子反馈系统（纯硬件构成）中，物理过程由计算元件根据本地的计算模型和算法进行控制；而在嵌入式系统中，物理过程则由计算元件根据传感器信息进行监控和优化。

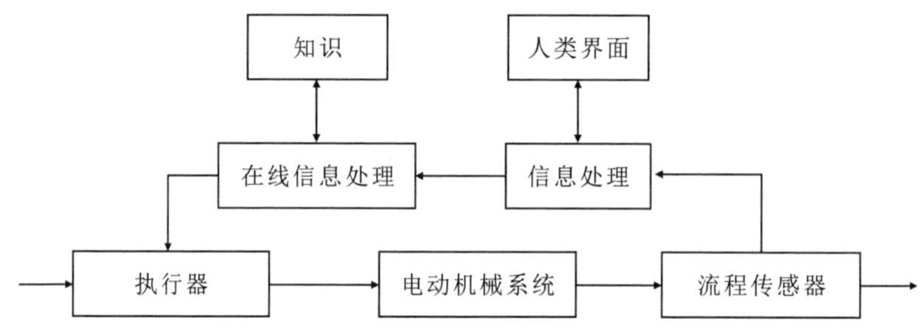

图 1-1　高级机械电子系统的架构

传统的基于反馈的控制系统是闭环式的，没有运行界面。关于嵌入式系统的研究打破了这一局限，其最大贡献在于把有限扩展的闭环系统变成了跨边界系统，在不久的将来会推进到可完全扩展的开放式系统[7]。嵌入式系统针对特定功能预先进行编程，它执行的是实时行为，同时也受限于特定的能源供给（如电池）。电路中集成可编程的处理器能让产品的设计更具稳健性，也能缩短设计周期。

基于数字计算和控制技术实现了另外一种系统——实时系统（real-time systems，RTS）[8]。这种系统与信息敏感工程系统有一定的关联，如机器人系统、车辆系统、医疗设备等。对这类系统而言，重要的不仅仅是提供正确的输出，而且还要在正确的时间，以尽可能快的计算速度完成任务。实际上，控制数据的正确性是传输时间的函数（结果的一致性可能比原始计算速度更为重要）[9]。当今使用最普遍的实时系统是 QNX①，它利用微型内核实现基本的系

① 一种商用的类 UNIX 实时操作系统，遵从 POSIX 规范，目标市场主要是嵌入式系统。

统调用功能，系统层面的功能（如设备驱动）并不在这一内核内实现。实时系统可以是传输系统（T-RTSs），在给定时间内从环境采集信息，然后转换采集到的信息，最终输出结果；也可以是反馈式系统（R-RTSs），持续与系统所在环境进行交互[10]。反馈式系统针对有规律事件的反应可以通过统计数据进行规划，而针对随机事件的反应则要求对事件进行动态识别，在可能的情况下，还要进行统计学预测[11]。

集中式系统对很多应用领域来说并非最优方案，因为它们存在以下缺陷：①高度依赖于集中式数据传输；②大规模集成对技术要求较高；③缺乏可扩展性；④集成的成本较高。分布式智能系统（distributed intelligent systems，DIS）可以避免这些问题，它通常基于物理和软件 Agent 进行构建，这些 Agent 可以自动运行，独立处理特定任务，相互协作，实现系统层级的目标，并且具有高度的灵活性。分布式智能系统的一个分支是传感器网络系统（sensor network systems，SNS），此类系统基于大规模、分布式的大型或微型传感器技术和连接技术（传输与网络）处理各种相互关联的信号[12]。另一个分支是智能 Agent 系统（intelligent Agent systems，IAS），其特点在于动态变化和分布式架构，基于网络的多 Agent 系统能提供较高的稳健性和可扩展性。有些学者将具有以上特点的系统称为分布式自动决策系统（distributed autonomous decision-making systems，DADMS）。

如图 1-2 所示，以上学科和系统概念的发展带来了高度融合、集成物理世界和虚拟世界的系统——信息物理系统（cyber-physical systems，CPS）[13]。

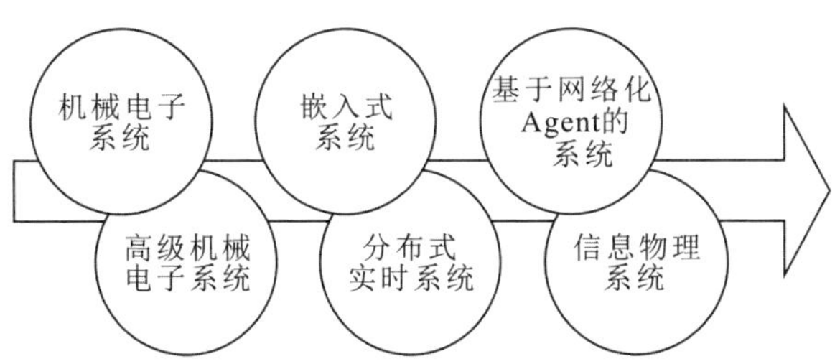

图 1-2　从机械电子系统到信息物理系统

1.1.2　CPS 的概念与特征

1.CPS 的概念

自 2006 年 CPS 被美国国家基金委员会提出以来，国内外相关领域的学者基于自己的研究尝试从不同角度对这一概念进行定义，主要有如下一些观点。

美国最早开展CPS研究的加州大学伯克利分校电子工程与计算科学学院的教授Lee定义：CPS是计算过程和物理过程的集成系统，利用嵌入式计算机和网络对物理过程进行监测和控制，并通过反馈循环实现计算和物理过程的相互影响[14]。

华盛顿大学电气工程学院的教授Poovendran认为，CPS是即将出现的一类新系统，通过将网络通信能力嵌入物理世界，如基础设施、工作平台，甚至人类自身，实现和物理世界的信息交互。其主要特点是物理环境和信息世界间紧密的信息交互[15]。

Baheti和Gill认为，CPS中各种计算元素和物理元素之间紧密结合，并在动态不确定事件作用下相互协调，需要有较高的可靠性[16]。

Branicky等则从嵌入式系统和设备开发的角度指出，cyber是涉及物理过程与生物特性的计算、通信和控制技术的集成，CPS的本质是集成了可靠的计算、通信和控制能力的智能机器人系统[17]。

Tabuada认为，CPS是由一些具有通信和计算功能的传感器和执行器组成的分布式网络，节点可以对物理环境进行监测和管控，并依靠互相协调完成更为强大的功能[18]。

国内关于CPS的研究起步较晚，但也有一些学者在他人前期研究的基础之上给出了自己的观点。

王中杰和谢璐璐认为，CPS强调cyber-physical的交互，涉及未来网络环境下海量异构数据的融合、不确定信息信号的实时可靠处理与通信、动态资源与能力的有机协调和自适应控制是具有高度自主感知、自主判断、自主调节和自治能力，能够实现虚拟世界和物理世界互联与协同的下一代智能系统[19]。

黎作鹏等从微观和宏观的角度说明了CPS的组成。在微观上，CPS通过在物理系统中嵌入计算与通信内核实现计算进程（computation process）与物理进程（physical process）的一体化。计算进程与物理进程通过反馈循环（feedback loop）方式相互影响，实现嵌入式计算机与网络对物理进程可靠、实时和高效的监测、协调与控制。在宏观上，CPS是由运行在不同时间和空间范围的分布式、异步、异构系统组成的动态混合系统，包括感知、决策、控制等各种不同类型的资源和可编程组件。各个子系统之间通过有线或无线通信技术，依托网络基础设施相互协调工作，实现对物理与工程系统的实时感知、远程协调、精确与动态控制和信息服务。[20]

中国科学院院士何积丰提出，CPS 是在环境感知的基础上，深度融合计算、通信和控制能力的可控、可信、可扩展的网络化物理设备系统，通过计算进程和物理进程相互影响的反馈循环实现深度融合和实时交互来增加或扩展新的功能，以安全、可靠、高效和实时的方式监测或控制物理实体，最终实现信息世界和物理世界的完全融合，从根本上改变人类构建工程物理系统的方式[21]。

虽然目前还没有统一且明确的定义，但以上各方的观点中都提及，在 CPS 中，物理设备将具备信息收集、计算和通信能力，收集到的信息经过综合处理，形成决策之后作用于物理对象和过程，实现物理环境和信息空间更深层次的交互，最终形成一个网络化的物理设备系统。

2.CPS 的特征

嵌入式计算、传感器监控、无线通信、大规模数据处理等技术的发展使得物理过程、计算过程和通信过程高度集成。CPS 将感知控制能力、计算能力和通信能力深度嵌入物理过程，实现了物理设备的信息化和网络化，将计算、通信和控制（computation，communication，control）融为一体[22]，即 3C 特征（参见图 1-3）。CPS 通过对物理环境和资源的动态感知、信息的实时可靠传输、数据的综合计算处理、物理过程的反馈循环控制，实现系统的自动运行和管理。

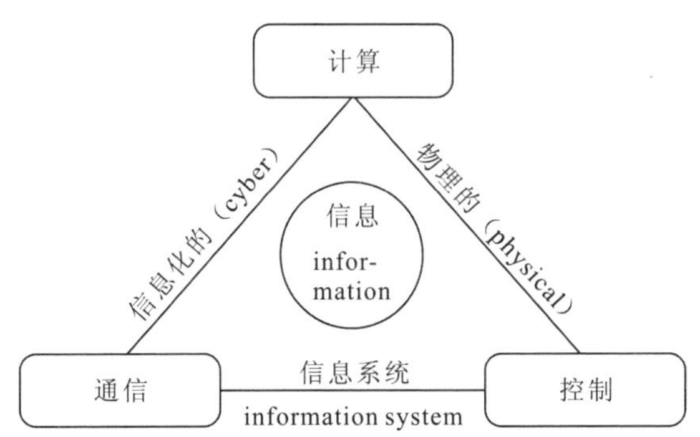

图 1-3　信息物理系统的 3C 特征

CPS 是在传统人工系统的基础之上形成的，具有传统的机械电子系统、嵌入式系统、分布式智能系统和传感器网络系统的基本特点。此外，它还具有传统系统不具备的更加复杂的特点，具体表现为：

（1）CPS 通过分布式布局，与技术、经济、社会环境等因素相互协作解

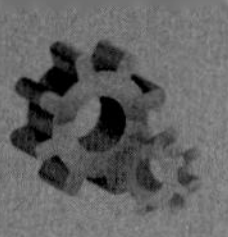

决相关问题，其设计目的是促进人类的生产和生活活动。

（2）CPS 所包括的数字虚拟组成部分和物理实体组成部分相互协作，以实现更强大的系统功能。

（3）CPS 是一种开放系统，可以根据需求纳入新的物理实体构成要素和数字虚拟构成要素，系统之间、子系统之间的边界并不明显。

（4）CPS 能自动重新配置系统内部结构，重组系统功能和行为，其系统边界在重新配置或重组之后也会相应发生变化。

（5）CPS 由大量异质、主动式构件组成，这些构件能随时脱离整体，进入其他类似或不同的系统。

（6）CPS 及其构件的运行具有极其严格的时间属性（可能同时运行，也可能不同时运行；可能需要持续运行，也可能只需要间断式运行），也可能出现在不同的空间范围之中（从洲际到纳米范围内）。

（7）CPS 构件呈现出典型的混合式结构，包括各种硬件实体（如传感器和执行器）和嵌入式虚拟实体（如软件和知识）。

（8）CPS 构件的功能可能是预先定义的，也可能是突然出现的。CPS 的各种构件在不同层级内共同作用。

（9）CPS 构件可能会根据不同的问题解决策略（计划）运行，从而实现系统的整体目标。

（10）CPS 构件呈现出知识密集的特点，能够处理系统内建的形式化知识、通过传感器获取的知识以及通过系统推理和学习得到的知识。

（11）CPS 构件能制定适当的决策，并通过收集描述性信息和应用场景信息，利用程序化推理自动解决问题。

（12）CPS 构件具备记忆和学习功能，能够自动地从历史记录和使用情境学习相关知识，并基于智能化软件和特殊情境形成专门针对某些问题的功能。

（13）CPS 构件能适应不可预测的系统状态和紧急环境，从而主动执行并未预先制订的计划的功能。

（14）CPS 系统层面的决策由大量构件的分布式决策形成，其基础是各构件灵活的信息交互和多重标准的分析。

（15）与分布式系统在本质上不同的是，CPS 需要以实时、协同的方式运行，并与其他系统进行通信。

（16）CPS 的系统资源、安全性、可靠性、集成性需要通过各种不同的、复杂的策略进行整体管理。

（17）未来（基于分子和生物计算技术）的CPS可能具备一定程度的自我再生功能。

以上属于理想状态CPS所应具备的特征。现实中，根据所要解决的问题不同、规模不同、集成度不同，某些CPS可能仅具备其中的一部分特征。

3.CPS的发展

自2006年美国发布的《美国竞争力计划》把CPS作为重要研究项目以来，美国国家科学基金会一直把CPS列为科研热点和重点，每年都有数十项相关的研究项目发布。2008年，欧洲启动了ARTEMIS（Advanced Research and Technology for Embedded Intelligence and Systems）项目，将CPS作为智能系统的一个重要发展方向。2013年，德国《工业4.0实施建议》将CPS作为工业4.0的核心技术，并在标准制定、技术研发、验证测试平台建设等方面做出了一系列战略部署。

在亚洲，韩国科技院等高等教育机构和科研院2008年开始发布CPS相关研究课题，从自动化研究与发展的角度，关注计算设备、通信网络与嵌入式对象的集成跨平台研究。日本以东京大学和东京科技大学为首，对CPS在智能医疗器件以及机器人开发等方面的应用投入了大量科研力量。

在国内，2008年在北京召开的IEEE嵌入式研讨会上，CPS相关研究被列为今后技术发展的一大重点。2010年，国家“863计划”信息技术领域办公室和专家组在上海举办了“信息－物理融合系统（CPS）发展战略论坛”，对这项技术给予了高度关注；国家自然科学基金委员会（National Natural Science Foundation of China，NSFC）发布了相关研究项目。近年来，国内大部分高校都从不同角度对CPS展开了研究，香港和台湾各大学也举办了多次有关CPS的研讨会，成立了名为UCCPS（User-Centric Cyber-Physical Systems Workshop）的CPS亚洲论坛。2015年，《中国制造2025》发布，其中提出“基于信息物理系统的智能装备、智能工厂等智能制造正在引领制造方式变革……加强信息物理系统的研发与应用”。2017年3月，在工业和信息化部信息化和软件服务业司与国家标准化管理委员会工业标准二部的指导下，中国信息物理系统发展论坛发布了《信息物理系统白皮书》，介绍了CPS的发展背景和面临的问题，对CPS进行了定性描述，提出了CPS的技术实现，给出了CPS的建设和应用蓝图以及演进路径。该白皮书是目前国内学术界和产业界对CPS较为全面和权威的解读。

CPS与人类生活和社会发展息息相关。小到纳米级生物机器人，大到能源协调与管理系统等涉及人类基础设施建设的复杂大系统都体现着CPS的特点[23]。CPS已经成为未来科学技术发展的一个重要方向，关系到国家、社会和民生的方方面面。对CPS的深入研究和成果应用将改变信息世界和物理世界的交互方式，影响未来物理系统的构建模式，有助于实现新一代的智能系统[24]。

1.1.3 CPS的研究进展

目前关于CPS的研究大多集中在系统架构和系统建模以及在各个领域的具体应用方面，只有极少部分研究关注到了CPS中系统与人的交互问题。以下讨论CPS的研究进展、CPS的人机交互以及交互设计方法的研究现状。

1.CPS系统建模

CPS系统建模的目的是利用图形化或基于特定建模语言表现CPS运行机制和系统构成，这一工作是CPS交互设计方案表达及原型构建的基础和前提条件。通过研究具体的CPS应用开发案例，能够总结其中系统功能的实现方式，为CPS交互设计流程和系统功能评价方法带来启示。以下讨论CPS系统建模的研究现状和典型应用——智能家居系统的研究现状。

Tan等人[25]基于传统的嵌入式系统提出了CPS的体系架构。感知单元通过传感器获取系统外部信息，基于控制规则对获取到的信息进行计算，并传输到CPS单元；CPS单元基于用户定义的语义规则进行计算，对系统状态信息进行推理；执行单元接收来自CPS单元的控制命令，基于控制规则驱动执行器，改变物理对象和过程。三者之间的协同工作才能实现人与物、物与物的深度融合。Koubaa和Andersson[26]结合Internet远程控制和嵌入式系统，提出包括物理层、数据链路层、网络层、传输层、应用层、网络物理层的信息物理互联网（cyber-physical Internet，CPI），以实现随时随地的泛在控制。Yu等人[27]提出了包含实体的物理层、实现资源互联互通的网络层和为用户提供服务的应用层的CPS三层体系结构框架，并利用水资源管理系统说明了该体系架构的合理性。

温景容等人[28]提出，CPS通过嵌入物理设备中的感知能力、通信能力和计算能力对系统外部环境或资源进行感知，实时传输和处理数据，并通过控制执行单元控制物理过程，系统可以根据环境变化动态调整，人处于辅助地位。谭朋柳等人[29]提出，CPS体系结构由传感器网络、信息中心、控制中心、执行器网络、用户终端和CPS实时网络构成。传感器网络感知物理世界的信息，经汇聚节点融合后传送到信息中心，进行存储和用户鉴权。控制中心对数据进行分

析，制定系统决策，然后把控制命令转发到执行器网络的节点，特定的执行器作用于物理世界，改变物理对象或物理过程。用户终端实现人和信息世界的交互。CPS 实时网络连接各部分组件，并提供实时基准。王小乐等人[30]把 CPS 分为节点层、网络层、资源层和服务层，提出了一种面向服务的 CPS 体系架构，各层的软硬件资源封装为服务，针对不同需求，调用不同的系统资源。王中杰和谢璐璐[19]从 CPS 的抽象结构、运行方式、物理构成和实现架构 4 个方面对 CPS 的架构组成进行了总结分析，把系统抽象为网络层和物理层，这两层通过信息传递实现相互作用，并提出人作为系统的组成部分参与交互过程。

目前关于 CPS 建模的研究大多关注如何对系统组成要素进行描述，如文献［9，16，19］提出的模型都包括了物理硬件层、通信层、决策层等概念；而文献［17，18，20，21］提出的模型则考虑了系统本身的应用对象以及用户对系统的控制，提出了应用层和服务层的概念。以上对 CPS 建模的研究都没深入探究系统与用户、系统内部的交互关系及这种交互关系与传统人机交互关系的差异，而这正是 CPS 的价值是否能得到完整体现的重要方面。

2. CPS 中的人机交互

目前关于 CPS 中人与系统交互方式的研究主要集中在情境感知技术方面。Cook 等人[31]利用图像传感器和提出的算法检测用户之间的接近程度、室内交流行为以及环境噪声等因素，为用户之间的社交行为创造更好的环境。Vacher 等人[32]提出了一种基于声音交互技术的智能家居系统。该系统可以利用声音传感器探测家居环境内的日常生活行为声音和人类交谈语音，为失能人群和老年人提供安全保障。Chikhaoui 和 Pigot[33]利用 ACT-R、GOMS 和 Fitts 模型评估了用户使用智能家居系统内辅助工具的技能表现，实验结果揭示了与智能产品交互所需的认知能力。Huang 等人[34]通过摄像头探测用户的位置和活动，从而控制室内灯光的亮度和色温，提升用户的使用满意度，同时也节约了电能。宁芳和金旦亮[35]研究了基于 UCD（user-centered design，以用户为中心的设计）的智能家居控制系统界面设计，提出了相应的设计流程，并在总结设计实践之后提出，融合了 UCD 理念的设计方法不仅可以实现方便快捷的智能家居远程监控，还能提升整个系统交互界面的人性化表达。陈卯纯等人[36]针对基于物联网的智能家居系统提出了新型人机交互信息处理模型，如图 1-4 所示。

以上研究根据具体的应用场景和系统功能开发，提出了需要感知的情境要素，构建了不同的感知方法，实现了系统基于情景感知推送服务的功能，但都未从广义层面讨论 CPS 交互设计所应关注的情境信息，也没有形成能指导其他

类似 CPS 系统开发的情境感知方法。

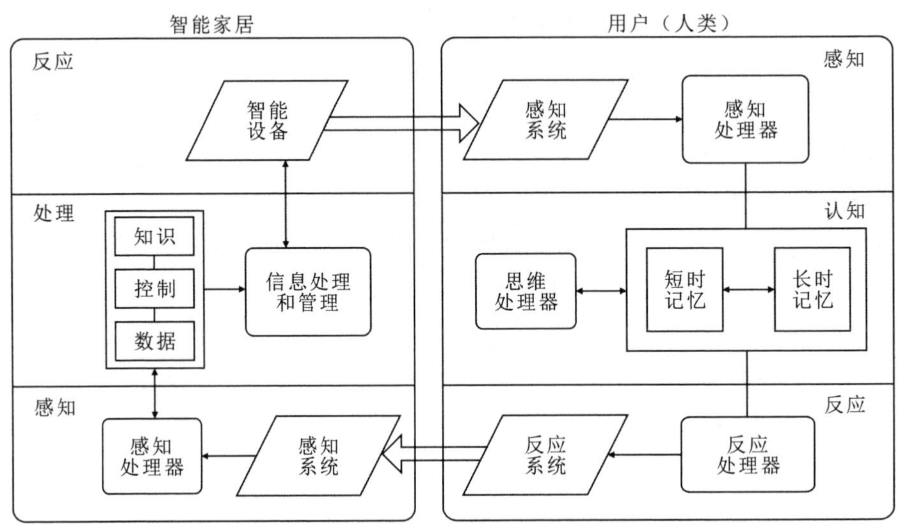

图 1-4　针对智能家居系统的人机交互信息处理模型

1.2　交互设计

随着科学技术的进步，人工系统从最初的单一材质、少量功能、无驱动力、使用方式（交互）简单进化到构成要素繁杂且异质、功能多样化、通过各种驱动力实现自动化运行、交互方式多样且复杂。如图 1-5 所示，在每一次新型人工系统出现之后，就会有相应的设计细分行业出现，以解决这种新兴人工系统的使用问题，也就是与人的交互关系问题。交互设计也正是为了解决数字化产品的使用问题而出现的新概念。不可避免地，交互设计与之前的工业设计，后续提出的用户体验设计、服务设计有着必然的联系。

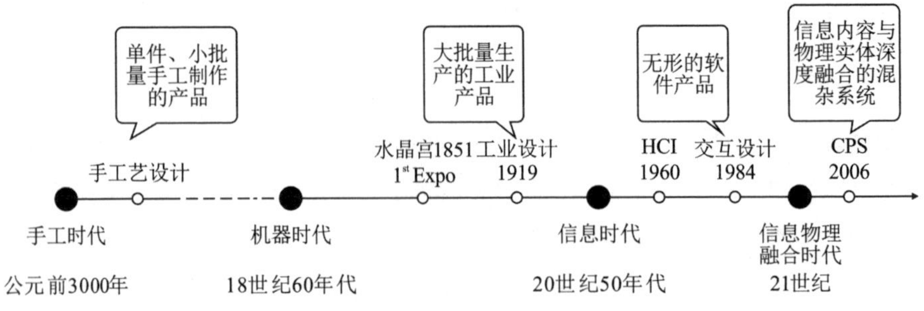

图 1-5　人工系统及其设计工作的演进

1.2.1 相关概念

1. 工业设计与交互设计

工业设计（industrial design，ID）起源于工业革命，与工业文明有着天然的联系。随着科学技术和社会的进步，人类社会经历了第二次工业革命和第三次技术革命，工业设计的含义也随之发生变化。

国际工业设计协会联合会（International Council of Societies of Industrial Design，ICSID）自1957年成立以来，作为世界公认的工业设计组织对工业设计的概念进行了多次的修订。2015年，ICSID在第29届年度代表大会上正式改名为国际设计组织（World Design Organization，WDO），并发布了工业设计的最新定义：（工业）设计旨在引导创新、促进商业成功及提供更高质量的生活，是一种将策略性解决问题的过程应用于产品、系统、服务及体验的设计活动[37]。

从以上定义可以看出，系统、服务及体验的设计都被明确写进了工业设计的工作范畴。人造物的形式和构成随着技术的发展不断地发生着变化。作为一种新兴人工系统，CPS的功能定义以及功能实现方式都需要通过工业设计解决。

随着计算机技术的发展，人造物除了传统的实体形式，还出现了依赖于硬件（实体产品）存在、没有实体形态的软件产品（software）。工业设计的对象从原有的纯实体产品扩展到了包括软件的实体产品。正是为了区别这两种设计活动，1984年，Bill Moggridge用“软界面（soft-face）”一词描述针对软件产品的工业设计活动，并于次年更改为交互设计（interaction design，IxD），其定义为：设计带有交互功能的数字化产品、环境、系统和服务的活动[38]。随着更多的数字化产品，也就是带有信息存储、计算和传输能力的产品出现在人类生活中，这些产品实体部分的设计由工业设计师完成，显示信息的软件产品设计工作则由新兴的交互设计师担任。

从历史沿革来看，可以说IxD是ID的一个分支。在信息对象和物理实体深度融合的时代，所有实体产品都可能具备信息存储和传输能力，软件产品和系统也将更多地对实体对象和现实世界的物理过程产生的信息进行管理。在进行相关系统的总体规划以及设计相关系统实体构件和支撑软件时，需要ID与IxD的深度合作。

2. 用户体验设计与服务设计

用户体验设计（user experience design，UXD或UED）是通过提升产品的可用性、可达性和人与产品交互过程中的愉悦度，进而提升用户满意度的设计活

动。为了进一步说明用户体验设计的具体作用对象，首先需要分析“体验”形成的过程。

如图 1-6 所示，体验是用户通过各种感官通道（眼、耳、口、鼻、肤、体）感知物理对象和信息对象，经过感觉、认知、分析之后制定行动决策，然后作用于物理和信息对象这一系列的交互行为之后形成的生理、心理感受。由此可见，“体验”是动态生成的，其构成要素并不像实体产品和软件产品那样明确，因此也无法像实体产品、软件产品一样被设计。我们只能通过设计用户将要感知和作用的物理对象、信息对象以及交互流程，尽量使用户在一系列交互行为之后获得正向、积极的感受，也就是形成良好的使用体验。由此，根据用户所要使用的人工系统的构成不同，用户体验设计的工作对象可能包括物理实体产品、信息的显示方式、交互流程、声音、气味等。

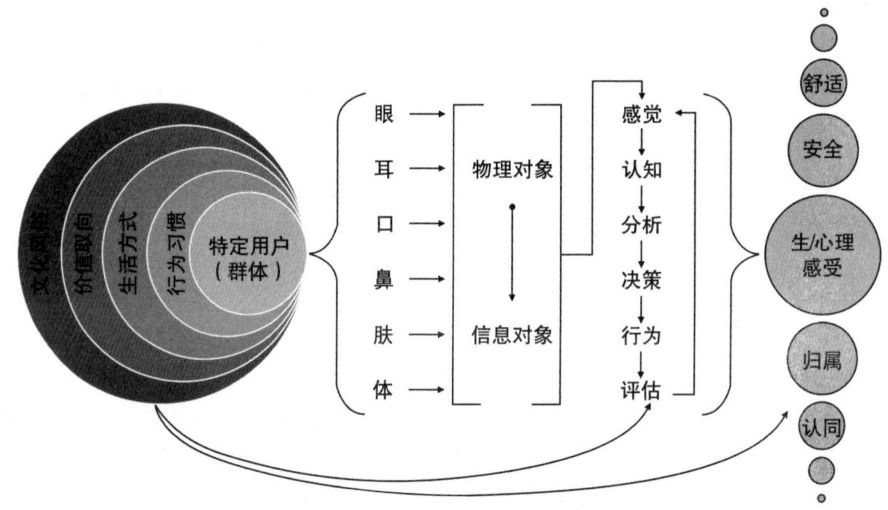

图 1-6　用户体验的形成过程

服务设计（service design）是有效地计划和组织一项服务中所涉及的人、基础设施、通信交流以及物料等相关因素，从而提高用户体验和服务质量，改善服务提供者和消费者之间互动关系的设计活动。在服务设计领域，消费者享受一项服务的过程中接触到的服务要素称为触点（touch point）。服务设计的具体工作就是设计这些触点，使得用户在享受服务的过程中得到更好的体验。而在开始设计具体触点之前，需要从更高层面系统地分析为了达成商业目标或用户体验目标所需开展的设计工作，确定统一的指导性设计原则。服务设计领域常用客户旅程图（customer journey map）分析消费者在不同阶段的需求、具体行为以及接触服务的触点。图1-7所示是餐饮服务的客户旅程图，其中列出了消费者使用餐饮服务的所有触点。表1-1总结分析了触点的类型和相应的设计工作。

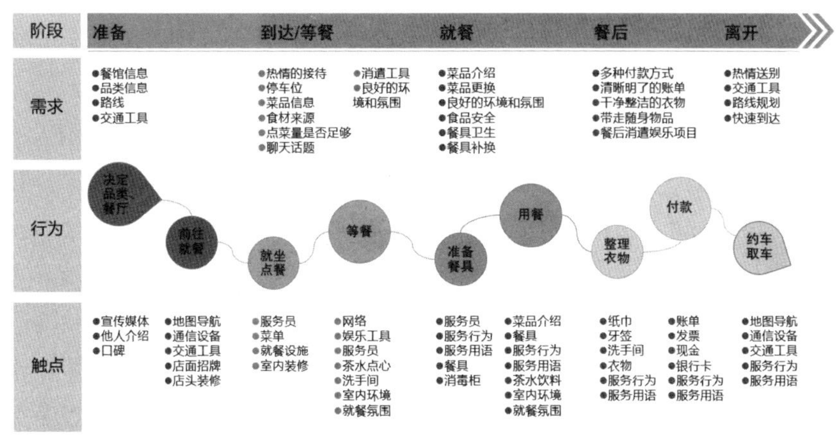

图1-7 餐饮服务设计的客户旅程图

表1-1 餐饮服务的触点和设计工作归属

序　号	触点类型	具体内容	设计工作归属
1	服务工具	餐具、餐饮设施	工业设计、产品设计
2	相关信息	提供的菜品、菜品的食材构成、菜品的价格和口味、等待时间、促销等	信息传播设计、显示界面设计
3	物理环境	餐厅的空间分割和布局	室内设计、装饰设计
4	空间氛围	餐厅的环境音、灯光、室内装饰等	色彩设计、灯光设计、声音设计
5	行为语言	服务人员的具体服务行为和服务用语	人力资源培训与管理
6	服务流程	接待流程、上菜顺序	流程规划设计、人力资源培训

用户体验设计和服务设计所包含的工作内容比工业设计和交互设计更为丰富多样，要处理的关系更为复杂。工业设计更加侧重于针对设计对象的物理属性（如形态、色彩、材质等）开展工作。交互设计则从产品与人的交互关系（如信息的输入输出、操作方式和操作流程等）入手，提升产品的易用性和宜人性。用户体验设计则侧重于通过心理学的手段分析影响用户使用感受的因素，找出需要改进的设计细节。提升用户体验是所有与人有交互关系的对象的设计工作目标之一。服务的设计问题因其本身包含有多种类型的构成要素，所以需要多个设计细分学科的配合才能得以完成。当前的服务设计工作者更多的

是站在宏观层面研究现有服务的不足，梳理服务触点和用户痛点，规划服务的整体目标和形象。而各类触点的具体设计工作则需要工业设计师、交互设计师、平面设计师、室内设计师等角色完成。

1.2.2 人机交互模型

人机交互模型用于描述人与机器的交互过程。建立人机交互模型有利于在抽象层面理解人机交互的本质，为交互界面设计提供理论基础。中文语境下的“人机交互”一词包括两方面含义：狭义的人机交互指人与计算机的交互（human-computer interaction, HCI），主要针对人与计算机软硬件系统及其衍生的嵌入式系统的操作控制和信息传输过程进行研究；广义的人机交互指人和所有类型机器的交互过程（human machine interaction，HMI），关注人与广义机器系统（包括计算机）之间的操作控制和信息传输过程。以下分别讨论已有的人机交互模型。

1. HCI 模型

为了解释人与计算机的交互过程，相关研究人员从用户和任务的角度出发，构建了层级化的信息沟通交流任务模型。Sebrechts[39] 提出的 GOMS 模型通过目标（goal）、操作（operators）、方法（methods）和选择规则（selection rules）描述用户与计算机的交互行为，参见图 1-8（a）。在 GOMS 模型中，目标是指用户试图完成的任务，通常会被分解为不同层级的子目标；操作是指用户为实现目标所执行的动作，包含外部操作和心理操作两部分；方法是指实现目标所进行的一系列步骤，其步骤通常由外部操作或一系列包含设置和实现子目标的心理操作所组成，用户为实现目标而按一定顺序进行的实际操作步骤是分析用户行为的关键；选择规则是指为实现目标而选择恰当方法的控制过程，即用户所选择的规则需要与任务环境及任务本身相匹配。GOMS 模型强调实现特定目标所选择的方法，由于目标具有层级性，因此实现目标的方法也是一个层级结构。实现目标的方法有多种时，选择规则就会发挥作用。

Norman 把人与计算机的交互过程近似地分解为 4 个阶段：形成意图、选择行为、执行行为和评估输出结果。前两个阶段的行为与人的思维相关，行为的执行过程涉及用户通过肢体活动操作机器本身，之后用户对操作行为产生的结果进行评估，用以指导后续交互行为。[40]

受到开放式通信系统互联参考模型（open system interconnection model，OSI）的启发，Nielsen 提出了一种七层模型来解释人机交互行为：物理层、字母层、词汇层、语法层、语义层、任务层和目标层[41]，并基于这一模型提出了人机交互设计的十大可用性原则：系统状态可见、系统与真实世界匹配、用户的控制性和自由度、一致性和标准化、防止出错、用识别替代记忆、用户操作的灵活性和操作效率、简约美学设计、帮助用户恢复错误、提供帮助文档[42]。这些设计原则到目前为止，依然是计算机系统下软件产品人机交互设计的金科玉律，指导着设计师的日常设计工作。

Moran 提出了五层结构的命令语言语法（command language grammar，CLG）模型[43]表示人机对话的过程。任务层是用户想要利用计算机系统完成的任务，这些任务必须转换成具体的执行步骤，利用计算机系统完成。语义层定义了利用系统实体对象和操作行为完成用户任务的方法。语法层包括所有构成命令语言的语法元素：命令、参数、环境和状态变量等。语义层的操作行为的表现形式就是具体的语法命令。交互层定义了与语法层所有元素对应的实际操作行为。设备层是人机交互的硬件输入输出设备。空间层关注交互层和语法层的空间布局和规则。

Foley 和 Van Dam 从人机交互界面设计的角度出发，定义了四层设计模型[44]。在试图利用计算机系统帮助用户完成某些任务时，首先应该定义系统的概念，也就是根据用户的任务需求规划系统开发的目标和具体功能；然后将所需要完成的具体功能转换成具有意义的命令组合，也就是定义人机交互界面的语义；之后再将命令分解为更为详细的计算机语言命令和参数等，也就是定义语法；再将语法分解成最为基础的词汇单元。Buxton 提出，人机界面元素的布局和输入输出的硬件接口也是界面设计的重要且基础的组成部分，并在 Foley 和 Van Dam 提出的四层设计模型之上加入了“实用组件层”[45]。

图 1-8（b）对比了以上 4 种人机交互模型。对比结果发现，这 4 种模型都采用了层级化的方式描述人机交互过程，并且各模型的分层有相似之处。所有模型的层级都可以分为“可见部分”和“不可见部分”，前者用于定义人机对话的形式，包括可见的交互元素和用户执行的行为等；后者用于定义特定人机交互步骤和活动对于完成用户最终目标的意义。Moran 提出的模型更多地解释了用户对计算机系统的理解；而 Foley 和 Van Dam 提出的模型则更多地关注如何设计出合理的人机界面，并且没有包含与现实世界相对应的目标层，也没有包括物理层的硬件和交互行为。Buxton 提出的“实用组件层”和 Moran 模型中的“空间层”类似，关注人机界面的信息对象布局。

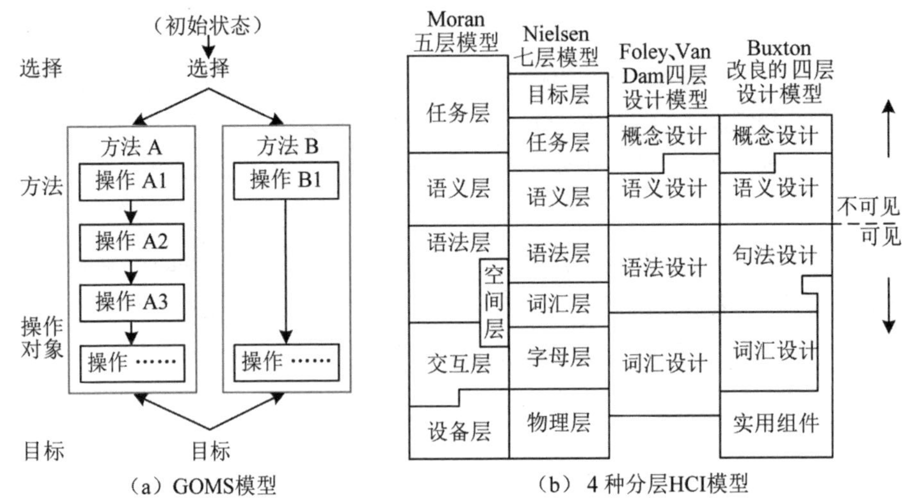

图 1-8　5 种 HCI 模型

2. HMI 模型

“机器（machine）”一词指所有动态技术系统，也包括这些系统的运行和决策支持设备与软件。这一概念可以覆盖各种应用领域，计算机只是其中的一种应用形式。HCI 和 HMI 在很多情况下是可以相互替代的两个概念，但实时性是计算机和其他机器的最大区别。HCI 更多地涉及人与计算机应用程序的交互过程，在此过程中，用户可以随时停止应用程序，在特定的时间段之后再恢复运行，继续人机交互过程；而其他类型的机器在运行时大都无法做到这一点，或者说需要耗费非常大的成本。因此，HMI 过程受到机器运行实时性的限制[46]。

一些 HCI 模型，如 GOMS 及其衍生模型，Norman 的四层结构模型都可应用于描述 HMI 过程。但也有一些研究人员提出了更具针对性的模型描述 HMI 过程。Boy[47] 提出，可以用人、机器和交互行为 3 方面的因素描述 HMI 过程，并建立了 AUTOS 框架，参见图 1-9（a）。在 AUTOS 框架中，人的因素即用户因素（U），机器因素就是人造物因素（A），交互因素被整合进任务（T），另外还包括组织和情景因素（O & S）。利用这 5 方面因素两两之间的相互关系引申出 10 项交互行为来表示 HMI：任务与活动分析（U-T）、信息需求与技术限制（T-A）、人机工程与训练程序（A-U）、社会问题（U-O）、角色与工作分析（T-O）、新生事物与进化（A-O）、可用性和有用性（A-S）、情景感知（U-S）、基于情景的行为（T-S）和合作 / 协调（O-S）。

Rasmussen 提出了一种用于解释人操作复杂动态系统过程的模型，参见图 1-9（b）。该模型把人的操作行为分为 3 层——技能、规则和知识[48]。利用这一模型，HMI 可以表示为：在技能层，动态系统利用传感器获取信息，并通过执行器作用于环境；在规则层，系统识别情景，然后基于情景创建系统任务，并规划出执行任务的程序；在知识层，系统识别情景，并利用特定知识制定系统行为决策和计划。复杂动态系统与 CPS 的工作原理类似，这一模型可以从宏观层面解释 CPS 与人的交互过程，对 CPS 的交互设计有一定的参考价值，但还需要对系统构成要素和具体的交互模态与交互行为进行深入研究和分析。

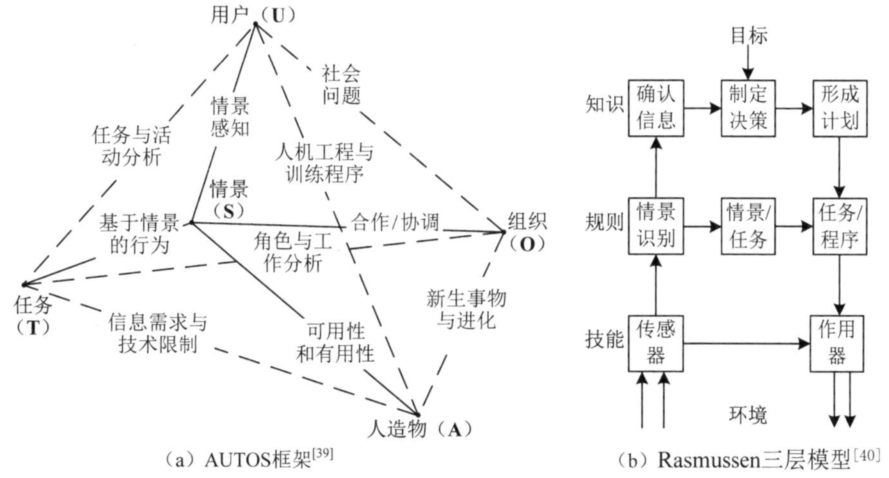

（a）AUTOS框架[39]　　（b）Rasmussen三层模型[40]

图 1-9　两种 HMI 模型

交互是一个常新的话题，随着交互行为的参与者、参与者之间的相互关系、交互目标或是交互行为所在情境等因素的改变，交互过程就会发生变化。随着信息技术的快速发展，原来以计算机为典型代表的信息处理系统发生了巨大的变化，计算硬件单元朝着小型化、微型化的方向迅速发展；物联网的出现使得所有实体都可能具备产生、存储与处理信息的功能；CPS 的出现使得人工系统更加智能，可以通过感知环境，利用物理硬件和计算硬件与软件主动为人提供服务。在这样的技术发展背景下，为了达成最有效的人与 CPS 的交互，有必要针对新的交互行为建立新的描述模型和设计理论。

1.2.3　交互设计的方法论

交互设计的目标是规划人与系统、设备、机器等人造物之间的沟通交流方式，并制定具体的信息输入输出解决方案。这一过程需要考虑人的心理认知、行为习惯，人工系统的软硬件架构、信息架构、交互流程等问题。目前的交互设计方法大多延续传统的HCI和人机界面设计，主要有“以用户为中心”、“以活动为中心”和“目标导向设计”3种。

1. 以用户为中心的设计

以用户为中心的设计（user-centered design，UCD）也被称为“以人为中心的设计（human-centered design，HCD）”。20世纪80年代，设计重心开始向用户转移，根据“以人为本”的设计价值观，设计领域逐渐延伸出了这一设计方法和开发概念。该理论在设计领域内并未达成明确的共识，没有形成统一的定义。UCD的基本思想是，产品设计以用户的需求和感受为出发点，设计活动以用户为中心。无论是产品的使用流程、信息架构，还是人机交互方式，都必须考虑用户的使用习惯、预期的交互方式、视觉感受等因素。用户需求和用户满意度是以用户为中心的产品设计的最基本要求。

根据ISO 13407以用户为中心的交互式系统设计方法的国际标准[49]，UCD有以下几个主要原则：为用户和系统合理地分配任务；用户积极参与设计过程；设计是个迭代过程，反复进行产品的设计、修改和测试；设计团队应该具有多学科背景。基于ISO 13407标准的UCD设计流程如图1-10所示。

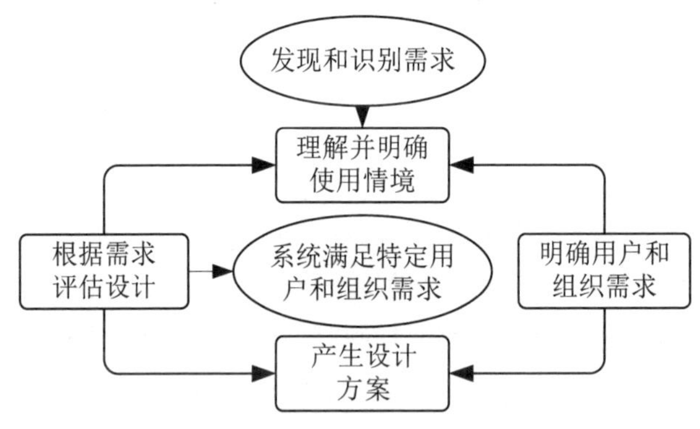

图1-10　UCD设计流程

UCD设计方法提出后得到了广泛的关注。Mao等人[50]针对UCD的研究发现，用于评估UCD设计成果的标准包括客户满意度、设计方案易用性、对销量的影响、客服被呼叫次数、前期的用户测试反馈、消费者的重要反馈信息、用户完成所要求任务的能力、企业内部的重要反馈、开发时间和成本的节省程度等。宁芳和金旦亮[35]针对智能家居控制系统界面设计问题提出了改进的UCD设计流程，参见图1-11。

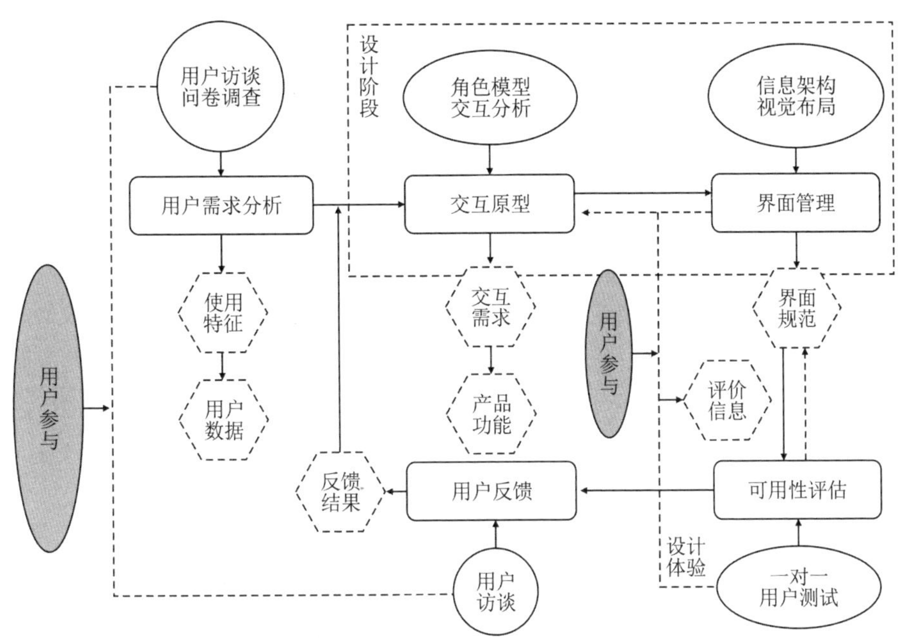

图 1-11 针对智能家居控制系统界面设计的 UCD 流程

2. 以行动为中心的设计

Norman 于 2005 年在其发表的题为“以人为中心的设计是有害的”的文章中提出了“以活动为中心的设计（activity-centered design，ACD）”理论[51]。Norman 认为，UCD 强调设计过程中用户的参与，要求设计师关注用户特征和诉求。在文献 [52] 中，Norman 解释了 ACD 的具体操作过程，强调对用户的实际使用行为进行观察，在此基础之上设计产品的交互逻辑。UCD 的核心理念是通过设计让技术适应人，但实际情况是为了利用新技术带来的便利，人必须适应应用了新技术的新产品。所有 UCD 中关注的人的行为都是使用产品的行为，这些行为产生的前提就是人适应技术之后学习而来的行为。而 ACD 则强调关注用户完成目标的整个过程，其中包括技术的应用、用户的行为、面对的交互对象、所在的环境等。

3. 目标导向设计

目标导向设计（goal-directed design，GDD）是面向行为的设计，旨在处理并满足用户的行为目标和动机。GDD 的提出者库珀（Cooper）认为：深入理解用户的行为目标比关注产品的功能更为重要，应该以用户的使用目标为设计方向。GDD 提供了研究用户需求和用户体验的操作流程和相关技术，更加强调对用户行为的设计和系统行为的定义。

GDD 引入了用户角色（persona）的概念，通过对用户的深入研究，建立一个能代表潜在用户群体的用户角色，用以清晰描述用户群体的特征，与所要设计产品相关的期望、需求、使用动机和目标、具体的使用情境等信息，进而为产品的功能定义和交互设计提供参考。

目前，ACD 还没有像 UCD 那样成为行业标准，理论不如 UCD 成熟，相关的研究也相对较少。陈亮[53]在界面设计范畴内对比研究了 UCD 和 ACD，分析了两者在设计思维、研究范畴、对待用户的态度、对待技术的态度等方面的差异。Williams[54]以网络应用程序为设计对象，对比研究了 UCD、ACD 和 GDD 三者在理论基础、设计流程和交付物方面的差异。UCD 关注用户本身，ACD 关注工具和系统需要支持的用户活动，GDD 则关注研究用户的目标以及完成目标需要执行的任务。

综上所述，UCD 的理念虽然源自对 HCI 问题的考虑而提出，但已逐步应用到相关的实体产品设计、系统设计领域，对 CPS 交互设计具有一定的借鉴意义，特别是要求用户参与设计过程的做法，能在一定程度上保证设计结果符合用户需求和认知特征，从而提升设计结果的用户接受度。ACD 更加关注技术、工具和系统如何通过支持用户的活动，帮助用户完成目标，其前提是对用户目标的关注。GDD 适用于能够清晰定义用户使用产品的目标和任务的情况。而 CPS 的运行体现出更多智能化的特点，除了传统的人机交互范式，即用户基于特定目的使用系统，主动发起交互行为，CPS 更多地通过感知环境和用户情境主动向用户提供服务。在这种情况下，系统提供服务的方式可能和当前用户的行为是无关的。例如，用户清晨洗漱的时候，主要的行为是刷牙、洗脸，其目标是清洁身体局部，改善自身形象，而浴室内的智能镜子则根据对用户的识别主动提供天气预报、交通、周边娱乐项目等信息。这就需要对传统的交互设计方法进行改进，提出新的设计理念和方法。

1.3 CPS 交互设计面临的挑战

通过将物理实体和过程与计算过程高度集成，CPS 可以穿透人类社会，甚至是人的心理和思维，向用户提供各种具有很强针对性的服务。这些服务通过人与人、人与物理实体、人与软件系统、系统与系统之间的交互实现[55]。但是，CPS 的构成要素异质性、情境感知和自适应、分布式和离散式运行、大规模多尺度运行等特点使得CPS中的交互行为与传统的人机交互行为有着显著的差异。

1.3.1　新的交互类型

随着科学技术的发展，人与人之间最早的通过语言、眼神和手势实现的相互交流（human-human interaction，HHI）逐渐地通过人与工具、机器、系统之间的交互（human-system interaction，HSI）得到了补偿，可以实现远距离的信息沟通交流，如通过电话实现远程通话。当前研究最多的人机交互就属于此类形式的交互。在这类交互行为中，人类扮演的角色更多的是操作者和受益方。用户基于自身的知识，启动系统，进行操作，完成某些任务；而系统在整个交互过程中处于被动地接受信息、完成指令的状态。随着信息技术和计算机技术的进一步发展，系统可以通过传感器主动地获取所在环境的信息，从而执行相应的任务，实现特定的功能。例如，智能家居的看护系统能主动监控住宅内的环境和病人的行为状况，在出现突发状况时（如病人突然跌倒），启动康复辅助机器人，提供相应的帮助（扶起病人，将其抱到床上休息，并通知其家人，拨打急救电话等）。此类交互行为可以称为系统与人的交互（system-human interaction，SHI），在这种交互模式下，系统主动地获取环境和用户的信息，进行分析之后，制定系统运行决策，执行相应的命令和功能。用户也可以随时发出指令，引导系统运行，进入传统的人机交互模式。另外，在具有高度自治能力的CPS中，各系统之间的交互（system-system interaction，SSI）也将成为常态，如智能家居看护系统和机器人系统、医院急救系统的交互等。如图1-12所示，以上4种类型交互行为的区别在于交互行为的发起方不同。

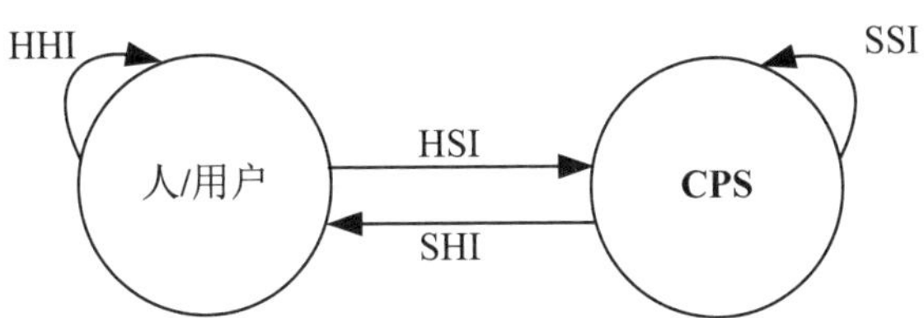

图1-12　4种交互类型

1.3.2　复杂的交互关系

典型的CPS由传统的物理实体、计算硬件、信息与内容、计算软件，以及协同中间件构成，参见图 1-13。物理实体用于实现特定的改变物理世界的功能；计算硬件用于支撑计算软件的运行，并提供计算能力；计算软件用于处理各种信息对象和内容；协同中间件用于实现操作系统和应用软件间的数据交互。

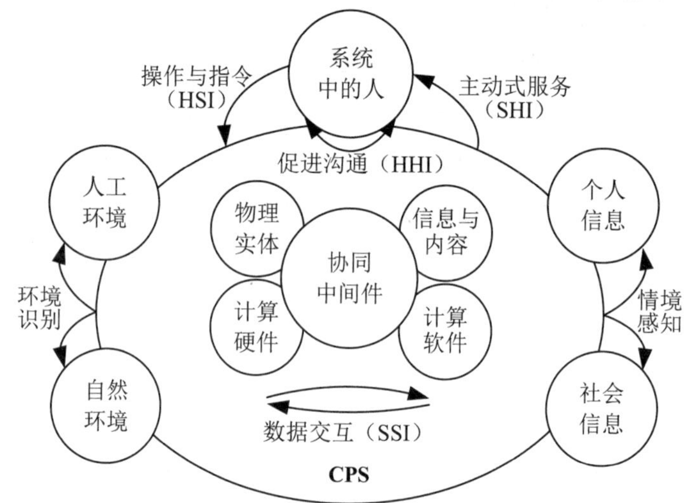

图 1-13　CPS 的构成要素及其交互关系

如图 1-13 所示，相比传统的计算机系统或是嵌入式系统，CPS 包括更多异质化的构成要素，物理实体、系统中的人、计算软件、人工环境、自然环境、个人信息以及社会信息都是 CPS 成功运行、实现特定功能不可或缺的要素。更多的构成要素意味着更多、更复杂的交互关系。CPS 需要利用传感器技术识别人工环境和自然环境，通过大量的计算处理用户的个人信息和社会信息，这样才能将物理实体与物理过程和信息对象进行更深度的融合，实现无处不在且具有适应性的系统功能。在这一过程中，用户、设备、环境、信息对象、计算软件等各方复杂的关系使得 CPS 中的交互行为变得极为复杂[56]。对 CPS 中的 4 种交互关系解释如下：

HSI：类似于传统的人机交互关系，用户通过操纵 CPS 的人机界面向系统发出指令，以启动系统的某些功能。但由于 CPS 的普适计算和分布式处理的特点，CPS 中的 HSI 会涉及更多的交互模态，除了传统的用户通过视觉、听觉模态接收信息，通过语音、直接操纵的方式操作人机界面，还可能涉及通过皮肤和身体的平衡感接收信息，通过手势、身体姿态、面部表情，甚至是脑电波操纵系统人机界面的情况。

SHI：CPS 利用各种传感器识别人工环境和自然环境的信息，通过对系统内存储的用户个人信息和所采集到的环境信息进行综合分析，感知特定的交互情景，然后利用物理硬件（实体产品和计算硬件）、系统中间件、信息对象和应用软件，通过人机界面主动向用户提供服务。与传统人机交互的最大区别在于，CPS通过持续监测环境和用户状态，基于设计系统时所制定的规则和相关历史数据，提供有针对性的服务。例如，智能家居系统根据用户晚上下班回到家的时间点的历史数据，提前打开空调，将室温调节至用户设定的温度值，或是最近一周内用户使用次数最多的温度值。

SSI：CPS内各子系统之间、CPS和系统之外其他系统的数据传输和信息交换可以看作系统和系统之间的交互。另外，CPS决策系统对包含有传感器的数据采集系统传输的数据进行分析和推理的过程，也属于系统交互行为的一部分。这一过程类似于人对传统的机器系统所输出信号进行分析和推理，进而执行下一步操作的过程。

HHI：CPS通过感知交互情境，进而促进用户与他人的交流以及与社会信息的交互。另外，CPS的用户通常并不局限于单个或少量的用户，更多情况下是面向某个用户群体提供服务，在这种情况下，系统对所服务人群之间交流的促进作用就必须在系统设计时进行考虑。

以上4种类型的交互关系占比在不同的CPS中会有一定的差异。例如，在制造企业生产过程执行系统（manufacturing execution system，MES）中，系统内的交互关系更多地表现为系统和子系统之间的数据和信号传输（即SSI），子系统（数控车床之类的加工设备）基于接收到的数据或信号，按照预设的执行方式运行，只有对整个系统进行监控的管理人员执行少量的交互行为（即HSI）。智慧家庭系统通过预先设定好的规则，基于各种传感器采集到的数据，主动地为用户提供开启空调、启动空气净化器、主动提示日程信息等服务则属于SHI，用户则根据系统主动提供的服务执行少量的交互行为（HSI）。大部分社交软件和通信工具（如手机、电话、车载通信系统等）都是通过尽量少的人机交互（HSI）实现人与人之间的交流和通信（HHI）。

1.3.3 交互行为的变化

1. 传统人机交互行为

在传统的人机交互范式中（参见图1-14），人和计算机处于对立位置，计算机作为一种辅助人完成某种特定工作的工具存在。人通过信息感知和处理过程，语言、通信和交互动作，利用计算机的输入设备，向计算机发出指令，计算机对接收到的指令进行处理，并将处理结果通过显示器显示出来，人类通过显示器查看信息处理结果，并根据个人知识和经验判断结果是否符合需求，进而制定下一步人机交互的行为。这种传统的人机交互过程具有以下特点：

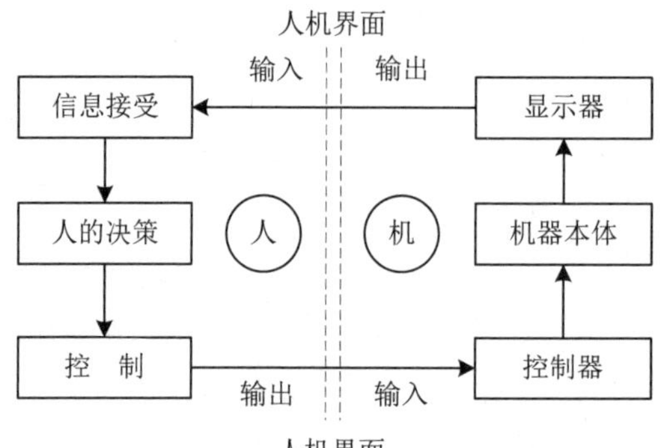

图 1-14　传统的人机交互关系

（1）人处于主导地位。传统的人机交互过程中，主要由人发起交互行为。常见的情况是：人在具有一定需求的情况下，才启动机器系统或计算机，展开人机交互，如利用计算机处理文件，利用计算机的多媒体功能进行娱乐或是使用其他机器完成特定的任务。一般情况下，机器不会自动启动、运行，执行某些特定的功能。

（2）交互行为具有明确的目的。在具体的人机交互行为中，人发出的指令都具有明确的目的，希望得到预想的交互结果。这要求参与人机交互的操作者具备相应的人机交互知识，了解计算机的运行规则。例如，用户为了使用某项系统功能而点击相应的功能图标，或按下特定的键盘快捷键。只有用户具备了相应的操作知识，知道应该点击哪个图标，应该按下哪些按键，才能成功地实现既定目标。

（3）交互界面比较明显。传统的人机交互界面以视觉化界面为主，主要依赖于计算机图形技术，把软件产品的功能和操作接口视觉化地呈现在用户面前，所以当前的计算机都必须具备显示器才能完成人机交互过程。听觉界面作为视觉界面的补充具有很高的应用价值，可以在用户视觉注意之外，实现强迫性、广泛性的信息传播。

（4）人机交互模态有限。如上所述，在以视觉界面为主的人机交互中，人机交互模态主要为视觉和触觉。人类通过视觉模态观察计算机显示器上的内容，获取信息，在大脑中处理信息，制定决策，制订行动计划，然后通过触觉和动觉，驱动鼠标、键盘等人机交互装置，对图形化界面进行操作。语音作为新兴的信息输入方式具有其特定的应用价值，但语音识别的准确性低、对方言和口音的支持度不高、功能命令和语音内容不易区分等问题导致应用不够广泛。

（5）交互情境比较简单。因为传统的人机交互主要涉及的是计算机系统内的软件产品和各种机器系统，所以人机交互情境比较简单，大部分只涉及计算机操作系统中不同界面元素的状态和可用性问题。另外，人操纵计算机的输入装置，从输出装置中接收信息的过程发生在物理世界。因此，人使用机器所处的工作环境因素是人机交互的情境。但这种情境因素对于计算机内软件功能的实现影响较小，很多时候可以不予考虑；对于非计算机机器的操作主要体现在温度、湿度、照度、噪声等环境因素方面，对各种信息对象涉及较少，比较容易解决。

2. CPS 中的交互行为

在 CPS 中，由于物理和信息系统的深度融合，以及系统更加智能的自动化运行和持续的监视功能，人与系统的交互行为完全不同于传统的人机交互行为（参见表 1-2）。这主要体现在以下几个方面：

表 1-2　传统人的机交互与 CPS 中的交互行为差别

差异项	传统的人机交互	CPS 中的交互行为
交互行为发起方	人处于主导地位 用户带着目标使用机器完成任务。	任何一方都可以发起交互行为 除了传统的 HSI，系统可以通过感知环境和人的信息主动发起交互行为，即 SHI
交互行为显性	交互行为明显且有明确目的 用户通过肢体运动操作机器，以完成既定的目的	系统的某些行为并不明显 系统在主动提供服务，发起交互行为前的信息感知、综合分析等行为是不明显的
交互界面	交互界面比较明显 以图形图像、声音和物理实体界面为主	交互界面更加透明 系统可以通过用户日常行为、环境状态变化、用户个人信息等渠道获取信息。这些渠道对于用户来说，接近于“透明”状态
交互模态	人机交互模态有限 用户通常采用视觉、听觉和触觉模态与机器进行交互	更多的交互模态 除了传统的交互模态，用户的身体姿态、脑波、面部表情等信息都可以用作 CPS 交互模态
交互情境	交互情境比较简单 交互情境因素主要是指人使用机器完成工作时周边的物理环境	交互情境非常复杂 由于要主动提供服务，系统要时刻监视与所有功能相关的情境要素，如环境参数、用户行为、用户交互能力、社会信息等

（1）任何一方都可以发起交互行为。CPS 具备更高的人工智能，可以在系统配置好之后自动持续运行，在既定的时刻根据特殊情境自动执行某些功能。例如，在智能家居持续运行的状态下，系统会持续监视家居环境内人的行为和动向，当有人出现特殊状况时，经过系统智能化的判断和决策之后，可能会执行特定的功能，如发出警报，或驱动机器人施救，从而保障居住者的人身安全。在这一过程中，人处于被动地位，并没有发出明确的操作指令，系统主动地监视人的状态和动向，从而执行特定的交互行为。类似的情形还包括系统根据天气变化自动关闭或打开居住环境的窗户，系统根据用户存储在手机内的日程安排通过各种方式发出提醒等。

（2）系统的某些行为并不明显。由于 CPS 持续运行，系统所监视的各种参数都服务于最终目标：在保障系统中人的安全的前提下，完成特定的系统功能。被监视的各种参数在合理的范围（由系统设计者制定或系统安装之后，系统使用者根据一定的行业和安全标准设定）之内时，系统并不会发起显性的交互行为，用户也无法明确感知这一持续存在的监视行为。只有被监视的参数超出设定范围时，系统才会启动相应的警报系统和应对措施。此时，用户才能够看到显性的系统行为。

（3）交互界面更加透明。CPS 采用无线传感器技术、无线通信网络，结合各种新的人机交互技术，如语音交互、面部表情识别、手势交互、眼动识别、脑波交互等方式完成人与系统之间的信息交互过程。用户通过手势、语音，甚至是眼动和脑波向 CPS 发出操作指令，CPS 通过表情识别、语音识别、行为识别、眼动识别等方式主动获取用户的状态信息。在这种情况下，交互界面更加透明，很多传统人机交互中的视觉化界面消失，这也是 CPS 深度融合信息与物理世界的体现。

（4）更多的交互模态。如上所述，CPS 融合了更多的交互方式，人们可以通过多种方式向系统发出交互指令，系统也可以通过多种传感器感知环境信息和人的状态。这比传统的人机交互以视觉为主要模态的过程更加复杂。但需要说明的是，各种交互模态之间的信息融合将是后续人机交互技术研究的重点，如通过结合手势和语音信息，更加准确地分析用户的交互意图；通过温度传感器和机器视觉技术（通过摄像头捕捉图像并分析）来综合分析人对环境温度的感受。

（5）交互情境非常复杂。与传统单一的人机交互情境相比，CPS 下的交互情境更加复杂。系统要分析自然环境、人工环境、人的状态和意图、系统可

用资源、信息状态、时间、地点等情境信息，有时甚至还要分析一些社会关系，如场景中多个人之间的相互关系、用户日程表中相冲突事件的重要程度等。这些因素在针对CPS的交互设计时都要考虑在内。

CPS下的交互设计有其独特的表现方式。由于CPS的结构和功能的复杂性以及构成要素的异质性，各构成要素间的相互关系错综复杂，对于系统开发者、设计者和最终用户来说，CPS的交互行为都将是重要的问题。目前关于CPS系统的交互设计并未受到应有的关注，相关开发人员只是在传统的人机交互模型之下，开发相应的人机交互界面，对人和系统的交互行为并没有引起足够的重视。从前文的分析可以看出，CPS中的交互设计需要有新的理论和方法体系，指导设计师和系统开发人员构建更加优化的系统结构和系统行为，实现CPS中顺畅的人与人、人与系统、系统与系统的交互过程，从而提供更好的系统使用体验，改善人类的生活和工作。

1.4　待解决的问题

本书的目的在于为CPS的交互设计提出解决方案。笔者基于传统人机交互设计理论和方法，针对CPS的特点，提出以情境为中心的交互设计理论体系。进一步地，提出基于用户交互能力的情境推理方法，以说明情境要素对CPS服务实现的重要作用；提出基于情景－服务匹配的CPS功能定义和评估方法、以情境为中心的交互设计表达方法和原型构建方法，为CPS交互设计活动提供方法指导。针对研究目标，笔者在后续章节主要论述了以下几个方面的问题：

（1）CPS交互设计的理论基础是什么？CPS的交互设计属于新兴问题，需要有相关的理论作为支撑才能开展设计工作。CPS交互设计理论首先要回答的问题包括：CPS的交互行为与传统的交互行为在机理上有何不同？CPS交互行为的主要影响因素是什么？CPS交互设计工作的主要内容是什么？CPS交互设计以什么样的流程开展工作？

（2）CPS的功能实现思路是什么？在确立了情境要素作为影响CPS交互行为的主要因素之后，需要解决的问题是如何从这一主要影响因素入手解决系统的功能实现问题。CPS通过感知情境信息主动向用户提供服务，那么情境因素具体由哪些要素构成？如何管理？如何对情境信息进行推理才能实现系统主动推送服务？

（3）如何定义CPS的系统功能，并对设计方案进行评估？CPS交互设计

的第一项任务是定义系统功能。对于这一问题，需要研究如何从情境信息入手来定义系统的功能，主要从哪些要素来考虑系统功能的有效性和针对性，如何利用这些情境要素来评估已提出的系统功能定义方案。

（4）CPS 交互设计的方案以何种形式表达？CPS 交互设计的主要问题是定义系统和用户之间的互动关系。对于这一问题，需要研究系统基于什么样的条件触发主动式的服务，提供服务所需的基础信息包括哪些，如何获取这些基础信息，如何表达系统要素和用户之间的互动关系，CPS 交互设计方案的表达形式是否能为后续系统开发提供参考和支持。

（5）CPS 交互设计的原型如何构建？在正式进入系统软硬件开发阶段之前，需要对 CPS 交互设计所定义的系统功能和交互方式进行验证和评估。如何模拟 CPS 交互设计方案中的物理实体要素、环境要素、信息对象、用户角色，以及系统和人的交互过程是原型构建阶段需要回答的问题。

1.5 小 结

本章首先从人造技术系统的发展历程和科学技术发展趋势引出了 CPS 这一新兴人工系统。虽然 CPS 是基于已有的机械电子系统、嵌入式系统、分布式系统、网络化 Agent 系统发展而来的，但它体现出了区别于以往人工系统的特性，系统构成更加多样化和异质化，各构成要素间的关系更加复杂。学术界和产业界分别就 CPS 的定义和特征展开了广泛的研究，虽然没有达成一致的概念定义，但其网络化物理设备系统的本质在领域内已达成了共识。当前关于 CPS 的研究主要集中在系统建模方面，对系统和人的交互关系研究较少，只有小部分学者基于特定的应用实例研究和开发了相关的人机交互技术。接着讨论了交互设计的概念及其与工业设计、用户体验设计、服务设计等细分领域的关联和差异，进一步讨论了交互设计的工作范畴。通过文献研究发现，现有的人机交互模型都仅适用于解释传统的人机交互关系，不能完整、有效地表达 CPS 中的交互关系；现有的 UCD、ACD、GDD 等交互设计方法论也不适用于解决 CPS 的交互设计问题。之后，本章讨论了 CPS 中的交互行为类型和其中复杂的交互关系，进一步从交互行为发起方、交互行为、交互界面、交互模态、交互情境等方面分析了 CPS 中的交互关系和传统的人机交互关系的差异。最后，笔者提出 CPS 交互设计研究要解决的问题包括 CPS 交互设计的理论基础、功能实现思路、功能定义方法以及设计方案表达模型和原型构建方法。

第 2 章　以情境为中心的 CPS 交互设计理论

CPS 因其包含的新交互类型、更加复杂的交互关系，所以其交互行为与传统人机交互存在较大差异，已有的人机交互模型不足以全面描述 CPS 所包含的交互关系，传统的交互设计理论也无法为 CPS 的交互设计提供足够的支撑。CPS 交互设计与传统人机交互设计的差异如何？具体应该关注哪些因素？如何规划整体的设计流程？各阶段的输出物包括什么？这些问题都是规划和构建高可用性 CPS、实现良好用户体验时不可回避的问题。

2.1　CPS 交互设计的差异化内容

交互设计定义的是系统各要素之间、用户和系统构成要素间的信息流向关系，以及系统和用户针对信息的反馈行为[57]。传统人机交互设计的主要工作是定义产品功能、交互界面、用户和产品的交互行为逻辑以及产品的信息架构。CPS 交互设计在这些方面都与传统人机交互设计工作有一定的差异。

2.1.1　系统功能定义

CPS 系统的功能定义决定了系统的使用价值，系统提供功能的时间、地点、信息表达方式以及用户行为等因素决定了系统行为的适当性，进而影响到整个系统的用户体验。如何根据具体的交互情景定义系统功能，并进行可行性评估是 CPS 交互设计初期需要解决的问题。

现有相关研究主要关注系统功能的实现，如文献 [22，24-25，58] 的研究，以及语音交互[59]、眼动交互[60]、表情交互[61]、姿态交互[62]、脑电交互[63]等人机交互技术的研究，并未从系统功能定义、系统各要素间的信息交互关系、人与系统要素的交互关系展开，而这些正是实现 CPS 的功能、体现系统价值的关键所在。

与传统人工系统功能设计的不同之处在于，CPS 的功能定义应更多地考虑利用大数据、云计算、物联网、虚拟现实（virtual reality，VR）与增强现实（augment reality，AR）等技术实现以下类型的系统功能。

1. 主动式服务

区别于传统的人工系统，CPS 可以通过传感器捕获各种自然环境和人工环境信息，依据特定的运行规则向用户主动提供服务。例如，智慧家庭系统通过温度传感器探测到当前客厅内温度为 32 ℃，通过红外传感器探测到当前客厅有人；依据最佳舒适温度为 25 ～ 27 ℃的运行规则，主动打开空调，设定运行目标温度为 25 ℃，整个过程不需要用户执行任何操作。

2. 个性化服务

CPS 可以通过大数据技术记录用户的历史使用行为，分析之后建立用户专属的系统运行参数，实现“千人千面”的功能。例如，主流电商平台通过记录用户的浏览和购买行为，主动为用户推送相关产品，使得每个用户看到的页面内容都基本符合自己的潜在需求。针对上一个主动式服务的示例，智慧家庭系统可以记录特定用户最近一段时间（如 2 ～ 3 个月）主动调节空调运行参数的行为。例如，家庭里的男主人每次都是将温度设定为 26 ℃，当系统探测到客厅内的用户是男主人时，将空调的运行目标温度设定为 26 ℃，并自动运行。

3. 提升用户体验

除了传统人机交互的通过改善实体产品或软件产品的视觉审美加强用户的使用感受，CPS 还可以通过 VR、AR、语音交互、手势交互等技术在一定程度上提升用户的使用体验。例如，通过头戴显示器，用户可以在家庭环境下获得在户外打高尔夫球的体验；清晨化妆的时候，智能镜子内置的 APP 可以让用户在不化妆的前提下看到某种妆容的预期效果；客厅内的全息投影可以通过投射不同的画面，辅助声音设计之后，营造出不同的场景；让用户在做饭、炒菜的时候可以通过语音交互技术控制菜谱的翻页，视频的播放、暂停等；手势交互可以让用户在家庭内健身时远程操作电视机屏幕上的健身 APP。

4. 智能化

CPS 可以通过机器学习、模式识别、逻辑推理等技术实现系统的智能化运行。除了人为设计、规划好的系统运行模式，CPS 在运行过程中可以总结学习用户知识，并利用学到的知识对当前的运行情境做出判断，相应地调整自身运行参数，应对各种突发状况。例如，系统通过抓取之前用户搜索“男朋友生日礼物送什么好？”之类问题的日期，在第二年同一日期，检测到用户清晨在智能镜子前洗漱时，主动提醒用户是否要准备生日礼物，并给出相应的推荐。

2.1.2 用户界面定义

在 CPS 交互设计定义用户界面时，除了需要定义物理形态的按钮、转换开

关、旋钮、把手，软件的数字化视觉界面、声音界面，设计师需要面对的新挑战是手势、语音、用户行为和状态等帮助用户将信息输入到 CPS 界面的设计。

1. 手势交互界面

早在 2001 年，Opera 浏览器就开创了鼠标手势（mouse gesture）功能，其目的在于为用户通过鼠标浏览网页提供快捷操作，这一功能在 Firefox、Chrome 等浏览器上也得到了延续。常见的鼠标手势主要是通过在窗口或空白处画出不同的线条图形实现控制窗口最小化、最大化、还原、关闭等功能以及运行特定命令或应用程序。然而，到目前为止，这类功能只是小范围用户群体的拥趸，大部分用户并未使用，或者在使用一段时间之后就放弃了，更甚至有很多用户从来就不知道有此功能。类似的情况出现在以 iPhone 为代表的多点触屏手机成为通信设备新生力量的年代。在 2008—2012 年，全世界研发智能手机操作系统和应用程序的企业都在提出各种新的触屏操作手势，并很快都申请了专利进行保护。很短的时间内新的操作手势层出不穷，然而经历过用户短暂的“尝鲜”之后，大部分手势都被用户遗忘，只留下 3 ～ 5 种最常用、最能匹配用户认知习惯和心智模型的手势。

现在，手势识别技术已经从二维平面发展到了三维空间，手势界面的设计依然是最为棘手的课题，在尝试引入手势交互界面时，应慎重考虑以下问题：所设计的手势在用户所处的文化背景中是否有特定含义，特别是不好的含义；手势和功能的对应关系是否符合用户的心智模型，是否易于理解；手势对用户技能要求是否过高，用户是否能很容易地学会；是要配合其他交互硬件实现操作，还是徒手实现操作；手势和手语表达方式是否有重叠，如果有，含义最好相近。

关于手势界面的功能定义，可以借鉴各个领域内的国际通用手势，如体育运动中的裁判手势、交通指挥手势、军事指挥手势等。

2. 语音交互界面

语音交互是近年来发展最为迅速、商业应用最为成功的交互技术之一。语音交互一般包括语音识别、自然语言处理和语音合成 3 个模块。多轮电话应答系统可以说是最早的语音交互应用场景。此类系统技术实现难度小，易于实施，但系统应答内容简单且固定，对用户语音标准度要求高，无法胜任选项较多、对话深度较深的交互场景。当前网络系统中实现文字应答功能的智能客服机器人也存在类似的问题。智能手机采用语音输入和触屏手势输入相结合，文字反馈和视觉化界面、语音配合应答的方式提升了信息显示的准确率和交互操作的灵活性，为广大用户所接受。智能音箱类产品则主要是语音输入、语音应答，辅以少量的实体按键操作和指示灯反馈。这类产品更多地应用于用户不便于或不想利用视觉通道进行交互的场景。

设计人员应该关注的语音交互设计问题包括：对口吃者、口齿不清者等特殊人群以及发音不标准、方言人群语音的识别准确率和效率如何；如果要在多个位置实现语音交互，麦克风如何布局；麦克风的拾音距离参数如何选择才能给予用户一定的自由度，不必走到麦克风前就能实现有效的语音命令输入；多轮对话的语音交互涉及用户等待问题，在发出语音指令，系统进行处理，给出反馈之前的等待时间该如何设定才能符合用户的心理预期；用户的等待时间和系统的反馈语速是否需要匹配用户的语速，以实现更好的体验；人工合成语音都比较生硬，没有情感，体验较差，因此语音的情趣化设计是提升用户体验的另一个重要渠道。人类语音的音色、语调、重音、特殊发音、变化语速等方面的特征可以为语音界面设计提供一定的参考。

3. 用户行为交互界面

用户行为交互与手势交互的区别之处在于：CPS 可以通过各种传感器捕捉用户的特定状态和一定时间内的持续状态，如用户所处的位置、身体姿态、面部表情或动作持续时间等信息，进而判断用户的潜在需求，根据系统的服务推送规则主动地向用户发起服务请求，或是直接向用户提供服务。移动终端应用程序中基于位置的服务（location-based service，LBS）就是典型的应用场景，如旅行类 APP 根据用户所在的位置推荐当地的旅游景点和附近的餐饮服务。

在设计 CPS 的用户行为交互界面时，设计师需要定义的是用于感知用户行为的传感器硬件方案。例如，针对智能镜子在用户清晨洗漱的时候主动向用户提供信息服务这一功能，设计师需要解决的问题包括：通过什么样的传感器识别智能镜子前有人？是采用单一传感器，如雷达或红外探测，还是多个传感器配合使用？这些传感器的参数如何选择？应该安装在什么样的位置？

4. 环境感知界面

CPS 运行过程中需要感知的环境可分为自然环境和人工环境。CPS 所处的局部环境参数（如温度、湿度、粉尘密度等）到达一定程度可能会影响系统设备的正常运行。为了提升系统的稳健性，需要部署各种传感器感知这些环境参数，在适当的时候发出提醒、警告或是启动环境调节设备，以保证系统的有效运行。

人工环境一般指人为设置边界面围合成的空间环境，这些空间环境一般都有特定的用途定义。例如，家庭环境经由用户规划、定义，再经物理分隔之后可

分为客厅、卧室、厨房、卫生间等空间区域。在涉及多个人工环境的 CPS 中，需要在系统中定义各个物理设备与所在空间区域之间的映射关系，如家庭环境中的哪个空调（设备型号、在系统中的标记或是图形化用户界面中的某个图标）是安装在客厅的。另外，需要在系统中定义各个人工环境区域的边界，这可能需要在边界位置安装传感器，通过传感器的具体坐标位置来定义各个环境区域的范围。

2.1.3　交互行为逻辑定义

CPS 交互行为逻辑的定义包括 3 部分内容：对用户行为的理解、系统行为触发条件定义和系统行为参数定义。

1. 对用户行为的理解

CPS 通过感知用户行为、环境行为和设备行为做出相应的反馈并提供服务。环境行为和设备行为都比较具体，通过监测相应的参数变化，并根据预先设定的规则就可以为系统行为制定决策。用户行为的含义复杂，仅仅通过监测用户状态和属性变化无法为系统决策提供足够信息，需要设计一定的规则，让系统准确理解用户行为才能真正提供有效的服务。例如，某智慧家庭系统为了保障老年人的安全，希望通过监测老年人的行为，在跌倒的时候主动向子女发送状态报告信息，以引起子女的注意。此处，对于“跌倒”的定义尤为关键，如果仅简单地捕捉身体姿态，通过图像对比分析老年人是否跌倒，那么系统很有可能会将老年人有意识地坐到地上的行为误判为跌倒。

交互设计师需要定义系统理解用户行为的准则，也就是确定系统需要收集哪些数据来制定运行决策。例如，可以将老年人从站立或行走状态到坐、躺、卧在地上的状态之间的时间差作为参考因素之一，结合身体姿态的变化共同判定老年人是否真的是跌倒。

2. 系统行为触发条件定义

系统行为的触发条件需要有清晰、明确、参数化的定义，才能为开发人员提供切实可行的判断标准。以判断老年人是否跌倒为例，通过分析之后决定利用身体姿态变化时间差和姿态的变化作为判断标准。此处需要定义的是：老年人从站立或行走状态到坐、躺、卧在地上的状态的时间差究竟是多少才触发系统行为，身体姿态变化究竟如何定义，站立姿态通过哪些参数判定，坐、卧、躺的姿态通过哪些参数判定，这些参数的取值在什么范围内可以判定是站立姿态，在什么范围内可以判定是坐姿、躺卧姿态。

3. 系统行为参数定义

依据预先设定的标准对系统捕获到的数据进行判断，如果达到启动系统行为的条件，则启动系统，提供相应的服务。此处需要定义系统服务的具体参数。仍以判断老年人跌倒并提供信息服务为例，当系统捕获到这样的数据——老年人当前的状态坐、卧、躺在地上（条件一）和从站立或行走状态到坐、躺、卧在地上的状态的时间差（条件二）均达到了启动系统行为的标准（如条件一的值为“真”，条件二的值为小于或等于 2 秒），那么系统向谁，以什么样的方式，发出什么样的提示信息。可能的设计方案是：向某个事先在系统内设定好的电话号码发送文字短信“您的父（或母）亲在家里摔倒了，快回家看一下吧！”；或者系统直接拨打该电话号码，然后播放事先录好的语音内容；也可以直接呼叫救护车。当然，对同一用户需求的系统行为可以有多种设计方案供用户选择，允许用户启用其中的一种或多种服务方式。

2.1.4 系统信息架构定义

CPS 交互设计的系统信息架构定义工作包括定义系统提供服务所需的信息和内容、定义信息和内容的获取方式以及定义信息和内容之间的层级结构。

1. 系统服务所需的信息和内容

CPS 的 3C 特征（见 1.1.2）凸显了信息在系统运行中的重要作用。系统中物理实体的控制和运行需要通过信息的通信实现，定义所有系统功能或服务所需的信息和内容是必不可少且非常重要的工作。

为了便于系统设计和开发人员理解，笔者此处将信息和内容两个概念加以区分：信息是 CPS 执行系统行为的参考依据和决策条件；内容是系统直接呈现给用户——供用户做出决策或是仅告知用户的信息。以检测老年人跌倒的系统功能为例，老年人的身体姿态、两种姿态转变的时间差、要接收信息的电话号码等属于系统提供服务所需的决策信息，而系统发送的文字“您的父（或母）亲在家里摔倒了，快回家看一下吧！”和语音数据属于呈现给用户的内容。

根据系统功能的不同，同一数据对象既可能是信息，也可能是内容。例如，智能家居系统根据天气情况向用户推荐活动或是穿衣建议，此时的“天气情况”就属于信息；而对于在特定时间主动向用户提示第二天的天气情况这一功能来说，“天气情况”则属于内容。

2. 信息和内容的获取方式

系统运行所需的信息一般通过各种传感器获取，或是直接读取物理设备的运行状况数据。而内容一般由系统设计开发人员预先设计制作好供系统调用，这类内容一般被称为平台生成内容（platform generated content，PGC）。另一

类是在系统运行过程中通过用户行为产生，即由用户生成内容（user generated content，UGC）。用户生成内容不仅包括用户主动输入的文字信息，用户日常使用系统的时间节点、持续时常、频率、具体使用的功能等数据经过统计、梳理之后也能成为对用户非常有价值的内容，如各电商平台针对每个用户做的年终消费行为总结。

对于通过传感器获取的信息，需要定义传感器的型号选择、安装位置，以及传感器与物理设备、软件系统之间的关联关系和通信协议。当系统内有多个传感器组成无线传感器网络（wireless sensors network，WSN）时，需要定义各个传感器之间的数据融合关系。某些物理设备自身带有一些传感器（如空调的温度传感器），当直接读取物理设备的运行数据时，可能需要从系统开发商处获取相关的开发协议。

对于系统生成内容，系统运行维护人员需要对其持续更新，且要丰富其表现形式，尽量减轻系统内容给用户带来的千篇一律感和枯燥感。对于用户生成内容，系统运行维护人员需要设计相应的算法和过滤规则，找出其中具有价值的部分，进一步统计、分析呈现给用户。

3. 层级结构

与纯粹软件系统的信息架构相比，CPS 的信息架构设计更为复杂，因为系统中很多信息和物理实体有一定的关联关系（如物理实体的属性和状态信息），但这些物理实体之间本身并不存在层级关系。在这种情况下，为信息对象规划层级结构的时候需要考虑物理实体间的相对关系。例如，智慧家庭系统需要有一个控制中心连接、集中控制其他所有智能设备。这个控制中心的物理形态可能就是一台计算机，其他智能设备包括智能电视、智能冰箱、智能空调等。控制中心和其他家电一样放在家庭环境中的某个位置，看上去它们处于层级，属于并列关系。但在整个系统的控制软件里，控制中心的相关信息应该位于其他家电信息的上一层级，这种层级关系对于一般用户来说很难理解。

对于信息的分类而言，可以基于信息所关联物理实体的类别进行分类，如把所有智能空调的控制和状态显示信息归为一类，把所有智能电视的控制和状态信息归为一类；也可以基于物理实体所在的空间位置进行分类，如把卧室内的智能空调和智能电视的相关信息归为一类，把客厅内的智能空调、智能电视、净水器、茶几等物理实体的信息归为一类。相比而言，前者更符合系统开发者的思维逻辑，而后者更符合普通用户的心智模型。当然，也可以同时提供多种分类方式供用户选择。

2.2 CPS 交互模型

交互的本质是信息在交互双方之间的往复传递。人与人之间的交互通过语言、肢体动作、眼神、表情等方式传递信息。人与机器之间的交互通过人操作机器界面实现人到机器的信息输入，而机器则通过显示器、信号灯、声音、本体振动等方式实现机器到人的信息输入。机器之间的交互则直接通过信号或数据的传输实现。所有这些交互能够达成的一个基础条件是信息以交互双方都能理解的形式呈现。

2.2.1 Gitt 的信息传递模型

Werner Gitt 教授曾任德国联邦物理技术研究院信息技术研究所所长，其在信息科学、控制工程、数学方面出版的著作被翻译成其他语言，在欧洲多个国家出版。在其英译版著作 *In the Beginning Was Information* 中，Gitt 把信息的传输过程划分为 5 层，如图 2-1 所示。

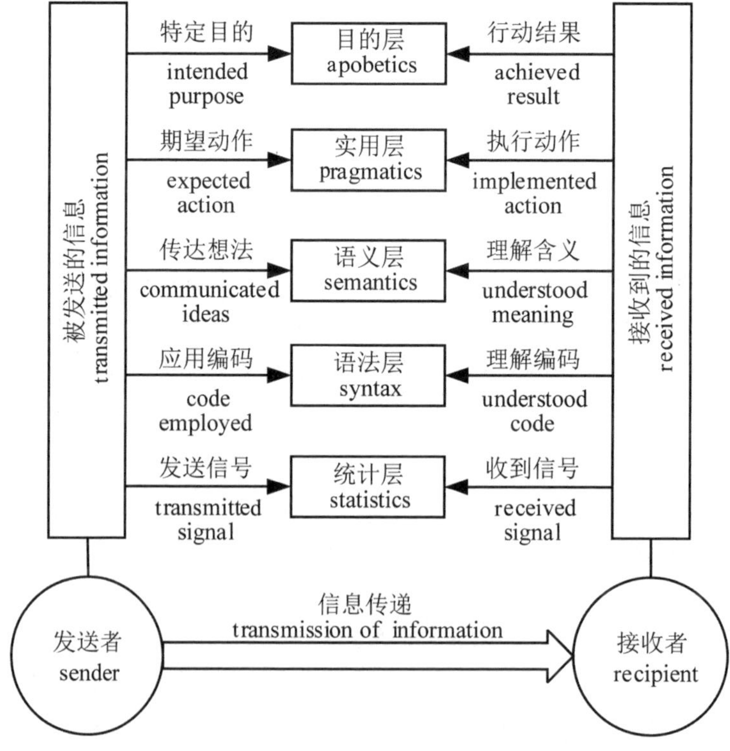

图 2-1 Gitt 的信息传递模型

统计层（statistics）：与信息的呈现方式、内容、含义无关，只是信息的统计学特征，也就是信息的统计量。例如，一本书包含有多少个英文字母，某些字母出现了多少次，一般用比特（bit）计量。香农（Shannon）的信息理论适合用来描述这一特征。

语法层（syntax）：信息形成过程中的结构化特征，也就是用以表达信息的符号（symbol）本体及其组织规则，与符号的含义无关。例如，一本书中的英文字母总是按照一些（约定）规则出现的，如 car，paper，而不会出现 xcy，bkaln 之类的组合。这一层关注于符号的选择以及符号之间的相互关系。

语义层（semantics）：信息所表达的含义，是信息的价值所在。我们读取一条信息的目的是了解其所表达的含义，其实并不关心这条信息选择用什么样的编码，信息量有多少，用了多少编码以及编码的样式，也不关心其传递方式（文字、视觉符号、声音、电磁信号或是气味）。

实用层（pragmatics）：信息发送者总是基于某些特定的目的，向一个或多个目标（接收者）发送信息，希望接收者收到信息后一般会做出一些反馈，如按照发送者所期望的展开行动，当然接收者也可能开展相反的行动，也或者根本无动于衷。为了达成自己想要的结果，发送者通过发出经过精心设计的信息，期望接收者受到这些信息的影响，执行自己所期望的行为，以实现目的。

目的层（apobetics）：信息传递的目的论因素，即发送者传递信息的行为一定是受某种目的驱动的。这一层要回答的是为什么发送者要传递某一条信息？发送者希望从接收者那里获得什么？例如，雄鸟通过肢体动作或叫声（传递信息）吸引雌鸟，以实现交配的目的；巧克力厂家利用宣传语（传递信息）打动消费者，期望他们购买自己的产品。

Gitt 用蜜蜂按照特定轨迹飞行向其他同伴传递信息的例子解释了以上模型（图 2-2）。

Gitt 认为，为了有效地将信息从发出者传递到接收者，需要从这 5 个方面对信息进行完整的特征描述。信息首先以语言的方式产生，然后才有形式化的表现，传输以及存储。经过信息发送者和接收者共同认可，包含有各种符号（code）的字母表用来组成词汇。（有意义的）词汇按照相关语法排列成句子，以表达信息发送者的思想（semantics）。信息也包括发送者期望接收者收到信息后应该执行的某些行为（pragmatics），以及通过这些行为实现的目的（apobetics）。

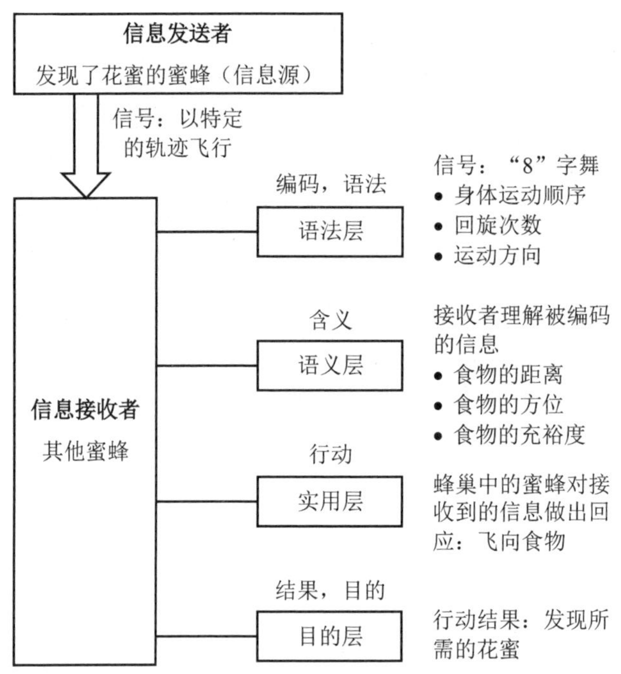

图 2-2 蜜蜂传递信息的模型

2.2.2 CPS 五层交互模型

基于前文对传统人机交互模型的研究分析，结合 Gitt 的信息传递模型[64]，针对 CPS 系统中由系统主动发起的交互行为，笔者提出包括 5 个层级的交互模型，如图 2-3 所示。与传统的 HCI 模型相比，笔者提出的模型多出了体验层，用实用层替代了任务层，省略掉了词汇层、句法层等。对各层级的解释见表 2-1。

对各层级按从下向上的顺序进一步解释如下。

1. 第五层：体验层

体验层描述的是用户与 CPS 交互之后的生理和心理感受。除这一层之外，实用层解决的是物理世界的功能实现问题，语义层和语法层解决的是信息空间中的信息表达问题，物理层解决的是物理世界中的连接问题。用户在与 CPS 的交互过程中，享受系统主动推送的服务。系统推送的服务是否符合用户的需求；推送服务的时间和地点是否符合用户的认知；实现方式，也就是系统与人的交互方式是否符合具体用户的交互能力，整个服务体验的流畅程度等因素都影响着用户体验。从一定程度上讲，体验层描述的是系统设计所面向用户的潜在价值倾向。例如，用户希望享受到智能浴室系统带来的便捷、舒适、个性化的沐浴服务。

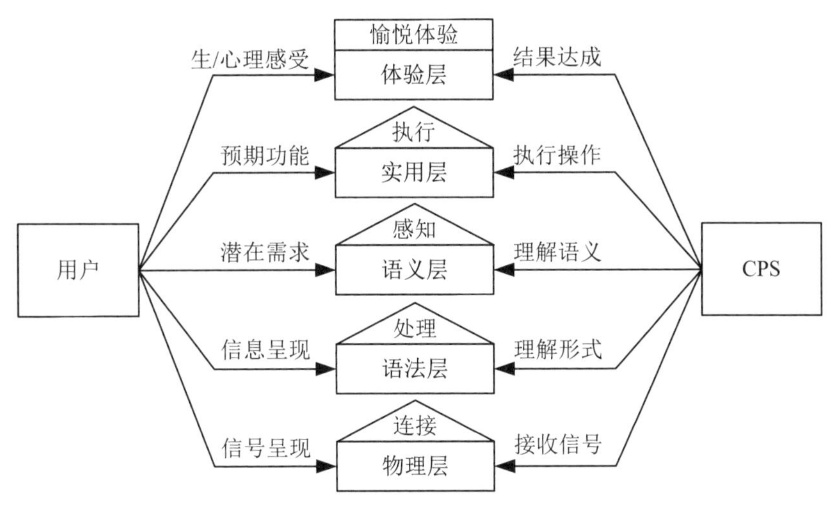

图 2-3　CPS 五层交互模型

表 2-1　CPS 五层交互模型的解释

层　级	名　称	解　释	示　例
第五层	体验层	CPS 完成主动提供的功能，用户根据前面层级的体验和系统整体服务的体验形成一定的心理感受	享受智能化、信息化、个性化的沐浴服务
第四层	实用层	系统根据语义层制定的决策，执行具体的系统任务，实现特定的功能，与之对应的是用户对系统所执行功能的判定，是否符合潜在需求，是否具有价值	准备 38.5 ℃的温水，调节室内温度到 26 ℃
第三层	语义层	系统在这一层综合分析各种信号联结形式，综合制定系统运行决策及相关参数，以执行特定的系统任务	用户可能要准备沐浴
第二层	语法层	根据系统设计目标和功能定义各种信号联结形式，CPS 对物理层连接层传递的信号进行模式匹配。如果信号表达形式能被系统理解，交互进入语义层	冬天，晚上 9 点，室温 15 ℃，有人进入浴室
第一层	物理层	CPS 的物理硬件、通信网络和系统运行环境是连接用户和 CPS 的基础条件	智能浴室内的摄像头、声音传感器、温度传感器、湿度传感器所探测到的信号

2. 第四层：实用层

实用层解决的是与体验层目标相关的系统功能实现问题。用户的价值诉求在这一层被转换成具体的系统任务。例如，对用户来说，便捷的沐浴方式可能是指智能浴室系统能根据用户的使用习惯，识别用户的潜在洗浴需求，在用户想要沐浴之前准备好水，同时在用户沐浴完成之后能自动完成浴室的清洁。要实现舒适的目标，系统需要把浴室温度调节到最适宜的温度，同时按照用户的沐浴习惯准备适宜温度的水，同时调节好沐浴期间浴室内的灯光，播放宜人的音乐。个性化则需要智能浴室系统针对多个用户时，能识别具体用户，提供不同参数的沐浴准备服务，如准备不同适宜温度的水，播放不同的音乐。

3. 第三层：语义层

CPS 通过感知用户行为和人工环境制定服务决策。也就是说，系统是根据对特定刺激信号的综合分析结果来制定服务决策的。用户行为信号和环境参数信息的组合代表了一种潜在需求。也就是说，不同的信号组合形式构成情境信息参数矩阵，代表了一定的含义，与之对应的是用户需求，系统的功能设计正是要满足这些用户需求。系统在这一层对情境信息的参数矩阵进行比对，找到与之对应的服务模式。例如，智能浴室检测到浴室内晚上 9 点钟有人进入，根据以往用户沐浴习惯，判断用户有可能要准备沐浴。此处的参数“晚上 9 点”和“有人进入浴室”对应的服务模式是“用户可能要沐浴”。

4. 第二层：语法层

根据上一层的描述，各情境信息参数的不同数值范围和情境信息的不同排列组合形成一定的情境信息参数矩阵，对应特定的用户潜在需求。系统在语法层需要识别各种情境信息参数矩阵。例如，形成上一层“用户可能要沐浴”决策，系统要识别的情境信息参数矩阵包括两个参数：“浴室是否有人进入”和“当前的时间”。

5. 第一层：物理层

根据系统功能定义，CPS 通过传感器以及其他信号探测设备检测来自用户和环境的声音、图像、气味、温度、湿度、光照等信号。物理层包括了 CPS 中的物理实体、计算硬件、网络硬件、各种传感器等。对于智能浴室系统，还包括构成浴室的建筑要素，以及提供沐浴服务所需的资源。

近年来，人机交互的体验问题得到了广泛的重视，相关领域的学者研究了视觉界面的反馈 [65]、软件产品的系统架构 [66]、任务流程设计 [67-68] 等因素对用户体验的影响。系统设计的目的不只是为用户提供特定的功能，还要注重用户

的使用体验，这也成为影响产品市场占有率和寿命的重要因素。相比于传统需要由人主动发起交互行为的系统，CPS 的优势在于系统能基于对情境信息的感知主动向用户提供服务。在这种交互范式下，系统所提供的服务内容和服务方式的针对性和有效性对用户体验有重要影响，是系统设计必须考虑的因素，用户享受服务的体验是系统服务设计的终极目标。因此，笔者在传统的人机交互模型之上加入了体验层，作为 CPS 交互模型的最高层。

另外，语法和语义是从人类语言构成法中借鉴的概念，用于表达传统 HCI 模型中计算机系统信息和操作界面信息，是人与计算机进行沟通交流的语言基础，用于指导视觉化人机界面设计工作。在 CPS 中，系统通过传感器获取外部信息，并传输到系统内部进行综合分析，评估制定系统运行决策，主动向用户提供服务。在享受主动式服务的过程中，用户并不直接面对传感器获取的信息，因此信息呈现的语法和语义规划工作移向了“用户不可见的后端”，即系统开发工作。另外，笔者所提出模型中的语法层和传统 HCI 模型中的语法层稍有不同。传统 HCI 中的语法层，更多地与计算机视觉界面中的信息呈现有关，是文字符号以及视觉化符号元素的组成规则；而 CPS 交互模型中的语法则指传感器所获取各种信号的不同排列组合，这些信号的不同组合形式对应着不同的语义，进而指向不同的用户潜在需求。信号的语法规则需要在系统交互设计过程中作为规划系统行为的依据进行规划。

笔者提出的五层交互层级模型可以作为理解 CPS 与用户之间交互行为的框架，也可以指导 CPS 的交互设计工作。

2.3　CPS 的交互情境

2.3.1　情境感知

“Context”经常被翻译成语境、上下文、情境等，指形成事件、表述或概念的环境条件，这些条件有助于事件、表述或概念的完整理解和评估。计算机科学和信息控制领域经常使用“情境”来表述这一概念。为了让计算机具备识别自己所处的环境，并做出适当的反馈，以实现普适计算的愿景，计算机科学提出了情境感知（context awareness）这一概念。

情境感知一词最早出现在 Schilit 等人[69]的研究中。Schilit 把情境定义为用户使用计算设备的位置、灯光、噪音、网络连接情况、通信成本和带宽以及其他社会因素。在此之后，其他研究人员根据具体的应用对象，为“情境”给出了不同的定义。Brown 等人 [70] 把情境定义为地点、时间、季节、温度等与用户使用对象所处环境相关的因素。莫同等人 [71] 把情境定义为：描述对象的自然环境以及其他表征对象的信息，如时间、地点等；在老年人看护服务系统 iCARE 的开发中，情境包括老年人所处的位置和状态等信息。陈媛嫄和刘正捷 [72] 在提出的基于活动的情景感知系统中把情景定义为与用户、任务和环境的属性、状态密切相关的因素。赵卓和卢涛 [73] 则在针对老年人的提醒服务系统中把情境定义为用户、物体、位置、提醒设备、活动以及时间。Dey[74] 给出了更加精确的定义：所有可用于描述实体所处情景的信息（如人、地点，以及与人和应用程序交互行为相关的对象，也包括人和应用程序本身）。这是目前为止接受度最高的定义。

2.3.2 CPS 的交互情境要素

基于前文论述，CPS 中的交互行为可由任何一方发起，系统和用户处于同等地位。笔者基于 Dey 对情境的定义提出：对于 CPS 的交互行为来说，所有描述交互主体（系统和人）的本体特征和状态信息，以及影响两者交互过程的时间、空间、环境和社会因素都属于 CPS 交互设计所应关注的情境信息，如图 2-4 所示。

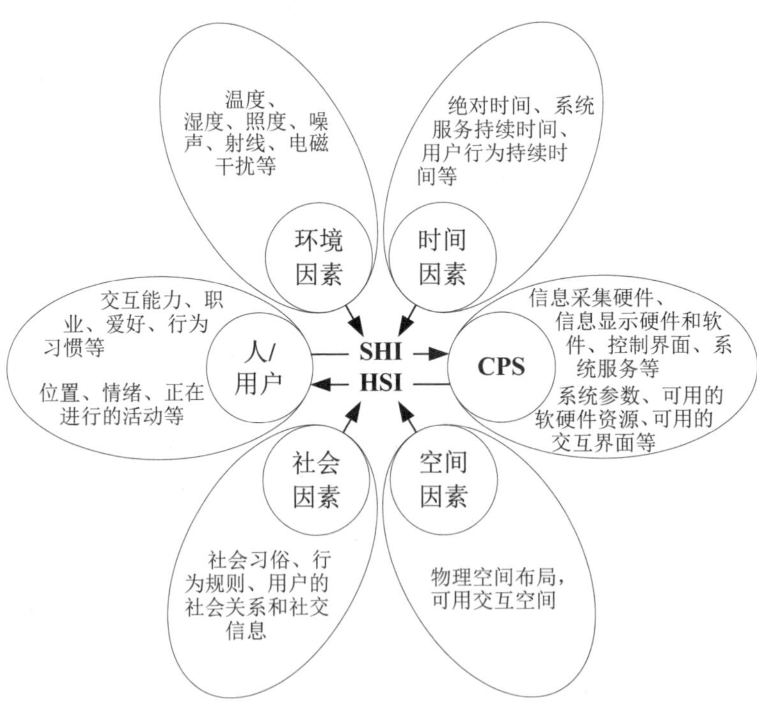

图 2-4　CPS 交互情境的定义

在系统与人的交互过程（HSI 和 SHI）中，人的交互能力，如视力、视野、是否色盲、听力、手部操作精度和速度、力量输出等因素决定了系统交互界面的参数配置。人的个人特征，如职业、爱好、行为习惯等因素决定了系统推送服务的具体内容和参数。以上这些人的本体特征影响着交互过程信息的有效传递，是交互设计必须要考虑的情境因素。另外，在特定时间点，人所处的位置、情绪状况、正在进行的活动决定了当时的潜在需求和可用的交互模态。例如，当用户在驾驶汽车时，智能车联网系统可以向用户推送导航服务，采用的交互模态应该以语音为主，因为开车时触觉模态（手和脚）和视觉模态（眼睛）被高度占用。

同样，表征系统交互能力的信息采集硬件（即各种传感器）、信息显示硬件和软件（信号灯、图形化用户界面、声音等）、控制界面（手柄、按钮、旋钮等）、系统服务等对象的信息与人的本体特征一样影响着交互过程。系统参数、可用的软硬件资源、当前执行的任务、可用的交互界面等表征系统所处状态的信息都属于交互设计过程中应该考虑的情境因素。

除了以上参与交互过程的主体（人和系统），交互过程所处的环境因素、社会因素、时间和空间因素都影响着交互主体的能力发挥和信息传递效率。环境因素包括温度、湿度、照度、噪声、射线、电磁干扰等，不仅影响人接收信息和控制系统的能力，同时也影响着系统的信息传递效率和系统硬件的表现。社会因素中的社会习俗、行为规则、用户的社会关系和社交信息主要影响人的行为和价值观，进一步决定了系统所推送服务的有效性和针对性。时间因素中，绝对时间指时钟所记录的时间节点，系统服务持续时间和用户行为持续时间都会影响系统的服务决策。在空间因素中，物理空间的本体关系、各空间的功能定义等信息决定着系统功能和交互界面的布局。

以上对 CPS 交互情境信息的定义具有一定的普遍性，能为系统的设计和开发工作提供参考。但在实际设计和开发过程中，一般不可能涉及所有情境信息，需要根据具体的应用对象有选择性地进行考虑。

2.4　以情境为中心的交互设计理念

根据前文对 CPS 交互情境的研究和交互设计方法的论述，笔者提出以情境为中心的交互设计方法，并与 UCD、ACD 进行比较。

2.4.1 概念的提出

第一，根据前文对 CPS 研究现状的论述，系统主要通过情境感知制定决策，进而向用户推送特定的服务。由此，情境信息是系统发起交互行为，进而为用户提供服务的主要依据。基于这一点，在构建 CPS 系统服务时，必须要考虑系统与人交互的情境信息。

第二，CPS 交互设计的首要工作内容便是提出系统服务的概念，这一过程的主要方法就是在分析传统解决方案存在问题的基础上，考虑信息技术和嵌入式技术与现有系统要素结合的可能性，从而实现系统对物理实体和物理过程信息以及用户信息的感知。在交互设计方案的表达阶段，主要解决的也是如何描述系统通过感知各种情境信息提供服务的过程。在设计原型构建阶段，要解决的问题是基于传统的实体产品快速原型技术和软件产品的可交互原型构建方法，提出模拟系统感知交互情境信息，提供服务的过程。由此，CPS 的交互设计工作可以考虑围绕交互情境开展。

第三，CPS 交互设计方案最终实施时的工作便是解决系统的信息采集、推理过程，以及最后的信息显示或者驱动硬件实现服务的问题，也就是各种传感器的布局设计，以及其他推送服务所需信息的输入方式和服务推送方法（信息的显示、人机界面的选择和布局、驱动硬件后系统运行信息的显示等）。这些工作的核心也是如何采集情境信息、采集哪些情境信息、如何对各种情境信息进行推理以及如何显示系统运行状态（也属于情境信息）。基于此，CPS 交互设计方案的实施过程也是处理情境信息的过程。

第四，传统的 UCD 和 ACD 的理念都是从人的角度出发，考虑人完成目标需要执行的任务的特征，然后设计产品，使之匹配人的行为特征和认知特征，提高工作效率。而 CPS 则是感知人的状态以及其他相关的情境信息，从而主动向人提供服务。在这种情况下，用户的行为只是系统提供服务的参考因素，还没有主动展开与系统所提供服务相关的交互。因此，在规划 CPS 主动提供服务的行为时，还无法参考人为实现特定目的而执行的任务。另外，对于某些功能，如果在系统开发时已规划好特定的服务标准和流程，在参考这些标准提供服务时，系统不需要人的直接参与，可以自动运行。对于这种情况，设计和规划时也不需要参考人的特征和行为。

基于以上 4 点讨论，笔者针对 CPS 的交互设计问题，提出以情境为中心的设计（context centered design，CCD）。CCD 的理念是：

（1）基于用户特征和行为、用户交互能力、人工和自然环境状态、系统可用的软硬件资源、用户所在空间位置和时间节点等情境因素规划 CPS 应该提供的服务以及提供用户的方式和相关的信息显示界面。

（2）基于用户行为特征、空间位置、时间节点、用户交互能力等情境因素和系统所要提供服务的匹配度评估系统服务设计概念。

（3）以用户特征、空间位置、时间节点等情境因素和交互主体、信息的传输过程为主要构成要素，建立 CPS 交互设计表达模型，描述系统和用户的交互过程。

（4）通过为用户角色、系统硬件、系统软件、环境参数等 CPS 构成要素建立原型，模拟各构成要素特征的动态变化过程。

2.4.2　CCD 与 UCD 和 ACD 的对比

笔者在研究了传统交互设计理论和方法之后提出了 CCD，传统的 UCD 和 ACD 对于 CCD 有一定的借鉴意义。前文已对比分析过 UCD 和 ACD，此处分析 CCD 与这两者的联系与差异。

UCD 强调用户参与设计过程，并在设计过程中充分考虑用户的需求和感受，以确保最终的设计结果能较好地满足用户的需求，符合用户的审美倾向，同时易于用户认知和使用。CPS 设计与开发的最终目标是为人服务，利用信息技术满足以前未满足或是全新的用户需求。从这一点来说，UCD 可以应用于规划系统目标以及传统的人机界面设计工作。同时，UCD 强调用户参与设计过程的理念也可以应用于 CCD。另外，ACD 强调关注用户完成任务的行为和达成目标所用的技术，考虑产品或系统所用技术与用户任务的匹配关系。ACD 中的用户行为分析方法可以为 CPS 交互设计中对用户行为的感知和分析提供参考。CPS 中的交互行为包括用户主动发起的交互行为和系统主动发起的交互行为，针对前一种情况的交互设计规划以及相关的人机界面设计，ACD 的设计方法和理念依然有效；但对后一种情况，则需要考虑使用 CCD 方法和流程。

CCD 和 UCD 以及 ACD 存有一定的差异，主要体现在：①提出背景不同；②应用对象不同；③针对的问题不同；④核心理念不同。对三者差异的详细分析参见表 2-2。

表 2-2 CCD、UCD 和 ACD 的差异对比

对比项	CCD	UCD	ACD
提出背景	计算机和通信技术高度发达，普适计算、嵌入式、远程控制、传感器、物联网等 CPS 支撑技术已初步成熟；CPS 的服务设计与系统行为规划问题逐渐显现。基于“系统论”哲学思想提出	20 世纪 80 年代，个人计算机逐渐成熟，不具备专业知识的普通大众使用计算机存在一定难度。计算机的硬件界面和软件界面的设计问题凸显。基于“以人为本”的哲学思想提出	21 世纪初，技术快速发展，新技术密集型产品的设计无法做到以用户为中心，UCD 的理想和现实产品开发发生了冲突。基于“活动理论”哲学思想提出
应用对象	应用于复杂、异构、自适应、分布式、信息对象和物理对象 / 过程高度融合的 CPS 的服务设计和系统与人的交互行为规划	应用于计算机软件产品的功能规划和界面设计，逐渐延伸应用到实体产品和服务设计领域	应用于计算机软件产品的操作方式设计，逐渐延伸到实体产品的人机界面规划
针对问题	解决 CPS 应该提供何种主动性服务，如何提供服务，系统与人的交互关系等问题。从系统层面规划服务的提供方式，不涉及具体的实体产品和软件界面	解决软件产品视觉界面的宜人性、易用性、易学习性、效率等问题，延伸到实体产品的人机界面宜人性等问题	解决软件产品使用流程的合理性、易用性、易学习性、效率、技术和用户任务的匹配问题，延伸应用到实体产品的人机界面操作方法问题
核心理念	把人当作系统构成的一部分，把人的特征和状态规划为情境信息。以情境信息为中心规划 CPS 的功能；基于情境信息对系统功能设计进行评估；以情境信息为中心表现交互设计概念和构建系统设计原型	把人和产品分开考虑，产品是辅助人完成既有目标所需任务的工具。在功能设计、视觉设计和人机界面设计中引入用户参与设计，充分考虑用户的特征和需求，为产品的设计提供参考和依据	注重对用户完成目标的任务行为的分析，关注技术与用户任务行为的匹配关系。强调在设计产品功能实现方式时参考用户的行为

2.5 CPS 交互设计的主要工作内容

传统 HCI 设计的主要对象是计算机软件，移动终端应用程序，各种嵌入式软件系统的系统信息架构和视觉、听觉和触觉操控界面。HMI 有时也称为

人机工效设计，更多关注于机器的物理操作界面和信息、信号显示界面，如各种操作手柄、手把、脚踏板、按钮、旋钮等信息输入界面和信号灯、信息指示牌、仪表、数字化显示等信息输出界面的形状、色彩和布局设计问题。在 CPS 主动向用户提供服务之后，用户可以通过传统的 HCI 或 HMI 界面进行后续的交互行为，在这之前，CPS 需要通过各种传感器采集交互情境信息，制定系统运行决策。因此，CPS 的交互设计除了传统的 HCI 和 HMI 设计，需要关注于系统传感器的布局、系统服务的触发条件、系统内交互主体的本体关系等问题。

2.5.1　系统功能定义

如前文所述，传统的人机交互设计的工作对象是软件产品的架构和用户使用产品实现功能的界面。CPS 则以主动提供的服务与用户发生关系，这是其价值的体现。因此，CPS 交互设计的第一项任务就是定义系统所要提供的服务。

根据设计目标的不同，CPS 所提供服务的具体内容由系统所在的自然环境因素、人工环境因素、时间因素、系统要素的状态变化、所要服务对象的特征和变化决定。CPS 正是通过传感器和信息接收装置持续监控这些因素的变化进而制定服务决策。具体来讲，CPS 服务设计的主要内容就是确定系统应该在何时、何地、针对何人，提供什么样的服务。假设某 CPS 系统共提供 n 种服务（S），为提供这些服务，系统共计要感知的情境要素（C）有 m 种，则系统服务和所要感知因素间的相关性可以表达为 f: $S \rightarrow C$，如图 2-5 所示。

根据图 2-5，系统需要监测情境要素 C_2 和 C_3 的变化来提供服务 S_2；而提供服务 S_4 则需要同时观测 C_1、C_2、C_3、C_4 和 C_m 这 5 个要素。更进一步地，针对同一项服务，假设系统所要监测的每一项情境要素存在有 m 种状态参数，因为不同的参数值会导致系统以不同的参数值来提供这一服务，系统对应提供的服务有 n 种状态参数，那么图 2-5 就变成了 $n \times n$ 矩阵空间和 $m \times m$ 矩阵空间的映射关系，如公式（2-1）所示。例如，智能浴室系统检测到早晨 8 点（情境要素 1 及其参数值），有人进入浴室（情境要素 2），并在梳妆镜前停留超过 5 秒（情境因素 3 及其参数值），就启动梳妆镜屏幕，显示新闻消息。根据情境要素 2（进入浴室的人）的参数变化：是 Jeffrey 还是 Annie，读取用户个人信息，显示不同的新闻内容。

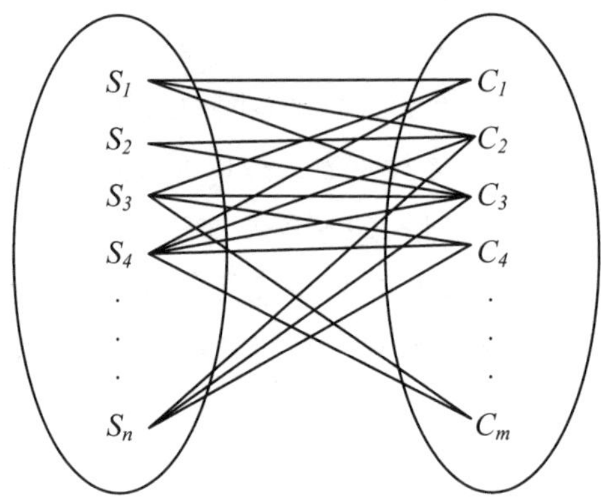

图 2-5　系统服务和情境感知因素的映射关系

系统功能定义就是要通过多学科团队成员参与的设计工作坊来确定特定 CPS 要提供的所有服务，以及提供每一项服务所要监测的情境因素。更进一步地，设计人员需要联合更多的系统开发人员确定系统服务参数和情境要素参数的对应关系。

$$f:\begin{bmatrix} S_{11} & S_{12} & S_{13} & S_{14} & \cdots & S_{1n} \\ S_{21} & S_{22} & S_{23} & S_{24} & \cdots & S_{2n} \\ S_{31} & S_{32} & S_{33} & S_{34} & \cdots & S_{3n} \\ S_{41} & S_{42} & S_{43} & S_{44} & \cdots & S_{4n} \\ \vdots & \vdots & \vdots & \vdots & \ddots & \vdots \\ S_{n1} & S_{n2} & S_{n3} & S_{n4} & \cdots & S_{nn} \end{bmatrix} \to \begin{bmatrix} C_{11} & C_{12} & C_{13} & C_{14} & \cdots & C_{1m} \\ C_{21} & C_{22} & C_{23} & C_{24} & \cdots & C_{2m} \\ C_{31} & C_{32} & C_{33} & C_{34} & \cdots & C_{3m} \\ C_{41} & C_{42} & C_{43} & C_{44} & \cdots & C_{4m} \\ \vdots & \vdots & \vdots & \vdots & \ddots & \vdots \\ C_{m1} & C_{m2} & C_{m3} & C_{m4} & \cdots & C_{mm} \end{bmatrix} \tag{2-1}$$

2.5.2　交互设计方案的表达

在确定了系统所要提供的服务以及服务对应的情境要素之后，需要针对具体服务内容，理清各相关因素之间的关系，如图 2-6 所示的求解问题。CPS 一般需要调用物理实体、计算硬件、信息内容、软件等资源，通过和用户的交互行为提供服务。这些资源因其异质性不可能在同一概念框架下进行考虑，所以需要首先构建 CPS 的抽象模型，在此基础上为相同性质的系统要素建立相应的概念，并将其划分在同一概念系统之内。各种服务要素之间以及这些要素和用户之间的相互支持与连接关系是交互设计方案表达阶段的主要工作。为了衔接后续的系统开发工作，可以利用本体关系建模软件为以上各要素建立清晰的本体关系。

CPS 交互主体间的交互过程，也就是系统所提供服务的具体实施过程可以定义为交互情景。交互情景的构建和描述是 CPS 交互设计最核心的任务。在

设计过程中，随着设计阶段的推进，系统服务的概念需要转化成具体的交互情景，并用不同的形式对情景进行表达。这些表达形式在初期阶段需要能被具有不同知识背景、参与设计工作坊的设计团队成员所理解，后续可以转化为设计师熟悉的图形语言，进而转化成对系统开发工作有参考价值的数据形式，或将概念设计的模型直接用于系统开发，保证设计与开发过程的顺利衔接。

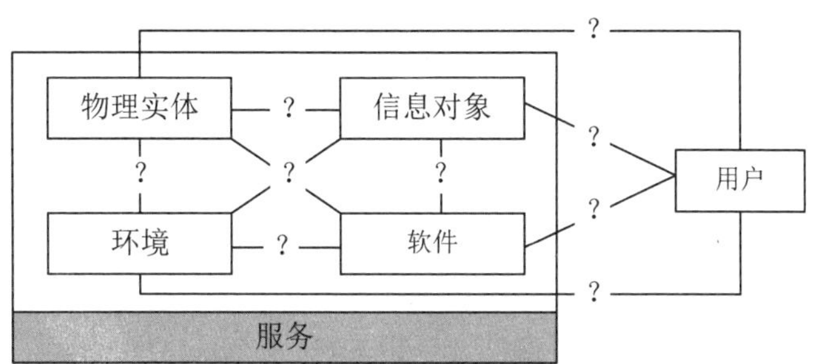

图 2-6　交互主体间本体关系的求解

2.5.3　交互设计原型构建

交互设计原型是产品或系统的设计概念及其和用户之间的交互关系较为完整、系统的表达，是进入正式开发或制造阶段之前，对交互设计方案进行最终全面检查和评估的工具。因此，在构建交互设计原型时要尽可能地模拟系统实际运行、产品实际使用时的情形。

传统 HCI 设计的原型构建主要是以各种手段模拟视觉化的界面设计和系统架构，常用的方法是纸质原型、视觉界面线框图、视觉界面效果图和利用相关计算机辅助设计软件实现的带有交互动作的高保真原型。而 HMI 的交互设计原型构建更多的是利用实体产品原型技术制作机器的操作界面和信息显示界面，如手柄、按钮、旋钮、信息显示铭牌、信号灯等。CPS 的原型构建更为复杂，除了物理实体的原型和视觉化用户界面的原型，还需要构建系统运行的自然环境和人工环境，模拟系统监测情境因素的变化过程。

基于以上描述，如何将传统的实体产品原型技术和计算机软件交互设计的原型技术融入 CPS 交互设计的原型构建过程中，模拟物理实体和人机界面设计方案；如何构建高保真的系统运行自然环境和人工环境；如何描述和模拟交互情境因素的随机变化过程，以及对应的激发系统服务的过程是 CPS 交互设计原型构建阶段需要解决的主要问题。

2.6 CPS 交互设计流程

对于 CPS 的设计问题，目前已有很多从系统开发角度提出的设计开发流程，如 Jensen 等人[75]提出了一种基于模型的 CPS 设计方法。该方法的具体步骤包括：描述问题→建立物理过程模型→描述问题特征→提出控制算法→选择计算模型→定义系统硬件→模拟解决方案→构建硬件系统→聚合软件→系统验证与测试。Li 等人[76]针对面向医疗的 CPS 系统提出了基于情境感知的系统设计开发方法，该方法主要分为两个阶段：①通过用户访谈和现场观察定义系统情境；②通过配置系统软硬件适应情境。此外，文献［77-80］针对特定的应用领域提出了相应的系统设计开发流程。以上研究均针对系统功能实现讨论技术开发过程中解决问题的先后顺序，对 CPS 交互设计有一定的参考价值，但并未关注系统和人交互的具体细节和影响因素，不足以用来指导交互设计工作。

笔者结合传统人机交互设计流程[81-82]和 CPS 设计开发流程，提出了包括 5 个主要阶段的设计流程（图 2-7），并给出了主要设计阶段需要参与设计活动的利益相关人和每个阶段的设计交付物，流程中上一阶段的交付物作为下一阶段的输入资料。

2.6.1 确定设计需求

确定设计需求阶段的主要任务是分析消费者需求和设计问题。主要工作方法是邀请 CPS 具体应用领域专家、计算机技术专家和潜在用户 3 类利益相关人参与设计工作坊，找出用户对物理过程和物理对象的信息化需求。初步的数据收集工作可以通过传统的用户研究方法完成，如人种志、用户访谈、典型日常生活情景回顾、问卷调查等，然后通过分析数据中的用户期望和之前生活中的痛点发现用户需求。这一阶段通过设计需求展开的工作坊收集数据并整理用户需求，最后产出系统设计需求文档。

利益相关人：应用领域专家、计算机技术专家和潜在用户。

交付物：系统设计需求文档。

2.6.2 系统功能定义

基于系统设计需求文档，系统功能定义阶段需要提出满足用户需求的系统功能。CPS 功能的体现是主动向用户提供相关的信息服务，以此启动系统和人的交互，之后再通过用户确认的系统指令启动相应的促动器，改变物理过程或物理对象。这一阶段的工作主要包括系统功能设计和评估两项任务。

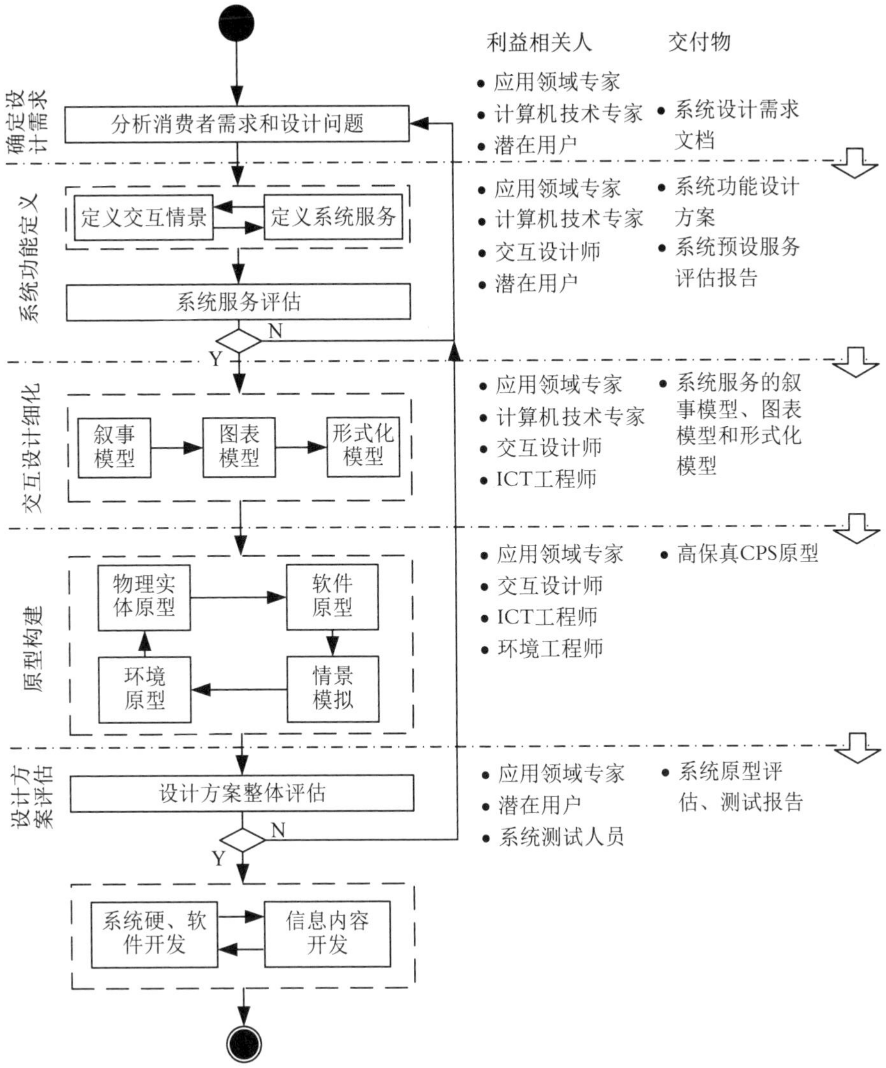

		利益相关人	交付物
确定设计需求	分析消费者需求和设计问题	• 应用领域专家 • 计算机技术专家 • 潜在用户	• 系统设计需求文档
系统功能定义	定义交互情景 / 定义系统服务 系统服务评估（N / Y）	• 应用领域专家 • 计算机技术专家 • 交互设计师 • 潜在用户	• 系统功能设计方案 • 系统预设服务评估报告
交互设计细化	叙事模型 → 图表模型 → 形式化模型	• 应用领域专家 • 计算机技术专家 • 交互设计师 • ICT工程师	• 系统服务的叙事模型、图表模型和形式化模型
原型构建	物理实体原型 → 软件原型 → 情景模拟 → 环境原型	• 应用领域专家 • 交互设计师 • ICT工程师 • 环境工程师	• 高保真CPS原型
设计方案评估	设计方案整体评估（N / Y）	• 应用领域专家 • 潜在用户 • 系统测试人员	• 系统原型评估、测试报告
	系统硬、软件开发 / 信息内容开发		

图 2-7　CPS 交互设计流程

CPS 主动发起和人的交互，提供相应的服务。在此之前，系统需要感知用户所在的位置、当时的时间、用户的行为习惯和交互能力参数等信息。笔者把这些信息综合定义为系统与人交互的情景，系统的功能设计正是基于交互情景进行定义的。因此，这一阶段的主要任务是根据前一阶段的系统设计需求文档详细定义系统要提供的服务，在定义服务的过程中要综合考虑以上 4 个方面的信息。系统功能设计阶段的交付物为系统服务设计方案，列出系统所有要提供的服务，每一项服务应该给出相应的触发条件。

以智能浴室系统为例，这一阶段需要邀请传统浴室产品（如沐浴设施、吊顶和浴室灯具、马桶、面盆、梳妆镜等卫浴用品）开发人员、计算机技术专家以及有可能成为系统用户的年轻人群参与工作坊。在工作坊中首先列出用户在浴室中的活动行为和每项活动所接触的产品，并考虑用户在特定时间，在浴室内的信息需求，考虑如何将这些信息与传统的实体产品相结合，创造出新的信息化卫浴产品。另外，还可以考虑用户在浴室中行为本身的数据，如每天的洗漱时间、沐浴时间等，通过访谈确定用户对哪些数据感兴趣，如何记录这些信息，并对其进行什么样的分析，为用户提供关于生活行为的数据分析服务。以主动提供天气预报信息服务为例，系统服务设计报告撰写形式应该是：当系统时间处于早晨 6:30 至 12:30，检测到梳妆镜前有人停留超过 5 秒钟时，在梳妆镜显示器上以文字、图像、声音等方式主动提供当地当天的天气预报信息。

在初步定义系统服务之后，需要对预先定义的系统服务进行评估。根据之前定义系统服务的 4 个因素：地点、时间、用户行为以及交互能力提出的系统服务进行逐项评估。这一阶段需要邀请一定量的潜在用户作为被试，在已有浴室环境内模拟系统服务的运行，进而观察用户的反应，在测试完成之后，对被试进行访谈，同时结合传统的心理量表测量用户评估各项服务与以上 4 个要素之间的匹配关系，最后通过统计数据分析出用户最容易接受的服务，进入后续设计阶段进行详细设计。

利益相关人：应用领域专家、计算机技术专家、交互设计师和潜在用户。

交付物：系统功能设计方案，系统预设服务评估报告。

2.6.3 交互设计细化

在确定所要开发的系统功能之后，需要详细定义系统功能的实现方式，也就是系统与用户之间的交互方式。交互设计细化阶段需要解决交互设计方案表达形式的可理解性问题。由于设计团队是多学科背景团队，因此设计方案表达形式的可理解性影响着设计团队内部的沟通和协作效率。这一阶段的工作需要应用领域专家、计算机技术专家、交互设计师、信息通信技术（information communication technology，ICT）工程师等人员的参与，产出物包括所有系统任务的叙事模型、图表模型和形式化模型。

CPS 交互设计规划的是系统和用户的交互过程以及这一过程涉及的物理实体和信息对象，以及所需的交互界面。借鉴叙事手法，用语言文字描述系统与用户的交互过程可以作为一种交互设计方案的表现方法。例如，*星期六早晨*

8:00，在浴室刷牙的时候，Jeffrey 从带有显示器功能的梳妆镜上看到当天当地的天气预报。这种用文字叙事方法描述的交互过程可以称为交互设计的叙事模型。这种模型易于各种不同背景设计团队成员理解，但并不能清晰地表现系统要素在特定交互情景中的相互关系，也无法成为可重用的设计表现手法。

对于交互设计师来说，需要有固定、具有一定适应性的方法来表现交互情景。笔者借鉴传统信息系统设计中的图形化表现手法表现系统要素之间的相互关系。针对 CPS 的交互设计，可以把系统划分为物理实体系统、信息空间、社会系统以及服务系统 4 个子系统。所有交互行为发生在社会系统之中，服务系统定义系统提供的各种服务，这些服务通过承担一定的角色与用户发生交互关系。基于 CPS 抽象模型，通过 5 个步骤，分析各要素间的交互关系，为图形化表现方式理清概念：①从叙事模型中提取交互行为所涉及的信息对象；②定义和信息对象相关的系统与人的交互行为（SHI）以及系统内部子系统之间的交互行为（SSI）；③定义服务所承担的角色；④定义提供服务所需的系统内服务；⑤定义用户发起交互行为的活动。之后，借鉴传统的建筑设计和产品设计表现手法中重复出现的图形化要素，通过图形化的方式建立如图 2-8 所示的表现模型——图表模型。该模型中详细定义了各要素之间的本体关系，如全局天气信息应用于系统交互行为（S-I）；个人天气预报服务角色化为个人天气信息助理，同时为角色间的交互（R-I）提供支持。

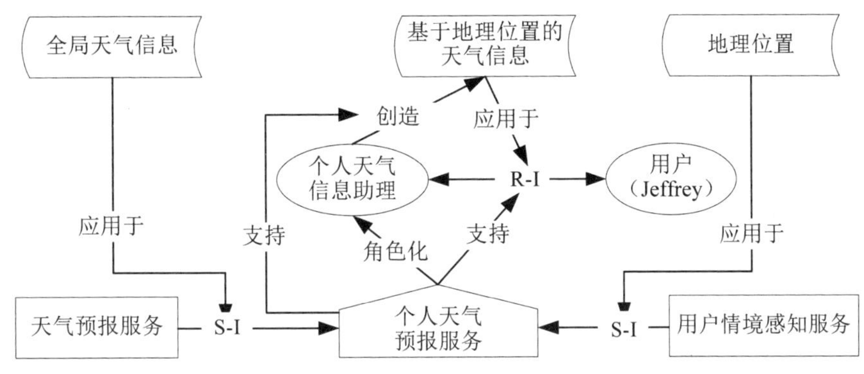

图 2-8　交互设计图形化表现示例

对于系统硬件开发和软件开发工程师来说，需要从交互设计方案中得到 CPS 各要素间的本体关系，从而在开发时调用各种硬件来采集、处理信息。为解决这一问题，笔者提出将图表模型转化为利用资源描述框架（resource description framework，RDF）和网络本体语言（ontology web language，OWL）

建立的形式化模型，利用本体建模软件 Protégé 为具体服务构建系统要素间的本体结构，供后续开发人员使用。

利益相关人：应用领域专家、计算机技术专家、交互设计师和 ICT 工程师。

交付物：系统服务的叙事模型、图表模型和形式化模型。

2.6.4 原型构建

构建 CPS 系统原型的目的在于进入系统开发工作之前，尽量以接近最后实施系统的形式模拟系统的交互设计方案。基于前文所述，CPS 可以分为物理实体系统、信息空间、社会系统和服务系统。社会系统包含的是交互角色间的交互行为，服务系统是系统硬件要素和信息内容支撑的信息化服务。因此，CPS 的原型构建主要工作在于模拟物理实体和信息对象，以及这两者和用户间的交互行为。

由于 CPS 是感知情境因素之后主动提供服务，因此对情境要素动态变化过程的模拟是 CPS 原型构建中最为困难的问题。而利用计算机辅助设计技术和虚拟现实技术能较好地呈现情境变化和感知过程，从而笔者提出计算机辅助 CPS 交互设计原型系统，利用虚拟现实技术建立交互设计原型，即利用计算机辅助设计技术模拟系统的物理实体、人工环境、用户角色、交互界面并生成相应的交互情景。

利益相关人：应用领域专家、交互设计师、ICT 工程师和环境工程师。

交付物：高保真 CPS 原型。

2.6.5 设计方案评估

CPS 交互设计方案评估的作用在于帮助设计和开发团队以及企业管理人员从更加宏观、系统的角度审视设计方案是否合理，能实现既定的系统功能，以及用户对系统服务和服务方式的满意度等。通过传统的用户测试方法完成用户对系统硬件设计、软件界面设计的测试；利用计算机辅助设计原型系统构建交互设计原型，并对构建的原型执行情境信息采集能力测试、情境推理能力测试和漫游式整体测试。

利益相关人：应用领域专家、潜在用户和系统测试人员。

交付物：系统原型评估、测试报告。

2.7 小　结

本章首先从系统功能定义、用户界面定义、交互行为逻辑定义、系统信息架构定义等方面讨论了 CPS 交互设计和传统人机交互设计的差异化内容以及所面临的问题。接着基于 Gitt 的信息传递模型提出了 CPS 五层交互模型，从物理层、语法层、语义层、实用层和体验层解释 CPS 和人的交互过程。同时，基于对计算机科学和信息控制领域情境感知相关研究的讨论，确定交互情境是影响 CPS 交互过程的主要因素，将其定义为描述交互主体（系统和人）的本体特征和状态信息，以及影响两者交互过程的时间、空间、环境和社会因素。最后提出了以情境为中心的交互设计方法，并与传统的交互设计方法（UCD、ACD）进行了差异对比；分析了 CPS 交互设计的主要工作内容，包括系统的功能定义、交互主体本体关系表达以及交互设计原型构建等；提出了包括确定设计需求、系统功能定义、交互设计细化、原型构建、设计方案评估等环节的交互设计的工作流程。

第 3 章　基于交互能力的情境感知

CPS 通过系统主动向人发起的交互行为传递其功能，而构成要素的复杂性和大量的情境信息增加了为用户提供主动式服务的难度。情境感知技术能感知系统运行和交互情境，根据相应的决策机制选择适当的设备为用户提供服务，从而简化环境设施的功能布局。决策过程引入用户交互模态信息有利于系统根据用户的交互能力和对人机界面的偏好提供服务。

本章提出一种基于交互能力的情境感知方法，根据在环境中为用户提供无处不在的信息服务的应用场景，筛选出用户信息、设备信息、软件信息、环境拓扑信息等作为系统感知的情境信息对象；构建了基于交互能力的情境感知框架；开发了模糊逻辑组织推理机对情境信息进行推理；利用交互能力参数筛选出最符合用户特征的设备提供服务。最后通过智能家居环境中的场景案例验证了该方法的有效性。

3.1　情境感知相关研究

近年来已有许多针对普适计算的情境感知研究 [83-84]，但大部分研究及其应用的对象都是智能环境，即配备有一系列传感器（sensor）和执行器（actuator）的物理空间。大部分需要情境感知技术辅助有障碍人群的受控环境（如医院、酒店、公寓、家居环境、教室等）都属于智能环境，相关技术在人口老龄化问题日益凸显的欧美、日本等发达国家越来越普及 [85]。除了辅助有障碍人群，弥补部分生理缺陷，提升他们的生活品质，智能环境还能降低对专业看护人员的需求，从而节省成本。为了实现以上目标，智能环境需要具备能够动态调整、感知情境的智能机制为环境中的各种设备分配辅助性服务。动态调整能力和情境感知的准确性是此类系统成功的关键，而由于智能环境的复杂性、系统设备的异质性、系统配置的专业性和所需处理信息的巨大数量，导致提供主动性服务十分困难 [86]。

Gouin-Vallerand 等人 [87] 利用网络服务、OSGi、OWL 和模糊逻辑开发出

了一种具有情境感知能力的中间件。该中间件通过感知设备的硬件信息以及在环境中的位置信息，帮助环境管理人员和专业看护人员组织和布局新的软件，以实现更好的监控。但该研究并未考虑提供服务最应该关注的对象——用户信息，且该研究所提出的情境推理都集中于系统的关键节点处，属于集中式控制，系统执行效率较低。Ghorbel 等人[88]利用语义推理开发出了一种能在智能手机用户进入具有普适计算能力的环境时主动提供服务的系统。但该研究并未考虑在拥有多个终端设备的环境下如何向用户，而不是智能手机推送服务。Ranganathan 等人[89]利用本体结构和语义匹配搜索适当的设备配置，从而实现在给定环境中布局软件。但该研究主要着眼于硬件配置分析和环境空间信息的描述，并未关注用户需求、交互能力和偏好。Syed 等人[90]为普适计算系统提出了一种主动服务和实现软件自组织的工作框架。该研究利用情境构成、系统能力、规则和所有权等定义设备、服务过程和任务，其推理过程类似于基于案例的推理。该研究对于系统工作、任务、服务过程和设备相关的情境信息进行推理，从而找出适当的设备提供服务，也没有考虑用户在提供服务过程中的角色和作用。Nieves 和 Lindgren[91]提出通过询问对话的方式实现智能环境中的服务决策，系统服务由 3 种带有不同角色、代表不同数据源的 Agent 提供。环境 Agent 用于处理环境资源可用性的动态变化信息，为交互活动的执行提供工具；活动 Agent 识别智能环境中的活动（无目标）和用户行为（目标导向），通过过滤可用的服务影响并促进当前正在进行的行为。通过以上两类 Agent 的协助，训练 Agent 能提升用户执行行为的能力，为了维持用户的兴趣，系统要提供符合用户期望的服务。该研究通过询问对话的方式实现服务筛选，交互效率较低，且没有考虑交互情境和环境中可用的交互设备信息。Loke 等人[92]提出了一种基于位置的服务筛选方法，该方法把目标环境划分为多个环境区域，并定义每个区域所对应提供的服务，区域间所提供的服务可以有所重叠，通过分析服务的相似性、优先权和限制因素，制定相应的选择规则，可以解决重叠区域的服务选择问题。该研究主要关注于基于地理位置的服务选择，并未考虑用户的需求和用户的交互能力等信息。

交互模态指用户接受信息的通道，如视觉模态、听觉模态等。目前已有一些研究致力于基于用户交互能力和交互模态信息，解决人机界面的适应性问题。Gajos 和 Weld[93]提出了基于用户选择偏好和使用历史解决视觉界面的适应性问题。Bezold 和 Minker[94]提出了基于基本的人与系统交互事件序列多用户进行建模，并从中提取新知识，从而实现系统对人类行为的适应。Castillejo 等人[95]认为用户偏好、情境信息和设备能力是建立适应性用户界面的基础，由此对交互中的人、情境和设备进行了建模，三者的模型构成了适应性用户界面的本体结构。该本体结构结合作者提出的两种适应规则，智能系统能够以适应用户特征、交互情境的方式定义设备的人机界面参数。Sakurai 等人[96]建立了包括多个显示设备环境中的交互行为模型。为了让信息的显示方式适应用户，该研究综合考虑了用户与显示器之间的距离、视野等问题。以上研究所面向的领域和研究角度虽然与本章的工作有所差异，但其对情境信息的处理方法为笔者提供了一些思路。

笔者提出的情境感知服务推送方法解决了以上相关工作未考虑到的一些问题。例如，情境感知中间件考虑了文献［87-90, 92］未考虑的用户交互能力和偏好两方面因素。本章针对的是带有多设备智能环境中的交互问题，而文献［88, 91, 93-95］的研究只考虑了单个交互设备的情况。另外，本研究采用模糊逻辑筛选所要提供的服务，这种方法能提升计算速率，同时，通过定义不同的模糊逻辑使得推理过程更加灵活，具有一定的可拓展性，优于其他推理方法，如文献［88］的语义推理、文献［89］的语义匹配，以及文献［90］的基于案例的推理。

3.2 情境信息的筛选与分类

从前文情境信息的定义中可以看出，情境信息具有多样性和复杂性，在实际设计和开发过程中较难管理。对情境信息的筛选和分类能帮助设计师找出具体应用场景所要感知的情境信息，也有助于系统开发人员有针对性地布局相应的传感器收集情境信息，并开发相应的情境推理算法。

3.2.1 情境信息的筛选

智能环境中布局的服务需要有相应的硬件、软件和情境条件支持。根据前文所述，交互主体的特征，也就是用户特征和系统软硬件信息以及两者所处的状态是系统提供服务必需的情境信息。关于用户，选择用户所处位置、交互能力以及对人机界面的偏好等信息作为感知和推理对象；关于系统，选择系统的硬件资源和人机界面特征作为系统提供服务时需要考虑的因素；关于环境，选择环境拓扑信息、功能区域的划分以及环境中布局的设备等信息作为情境推理的参考因素。因此，智能环境提供信息推送服务需要考虑的情境因素包括用户

信息、设备信息、环境拓扑和软件信息，如图 3-1 所示。

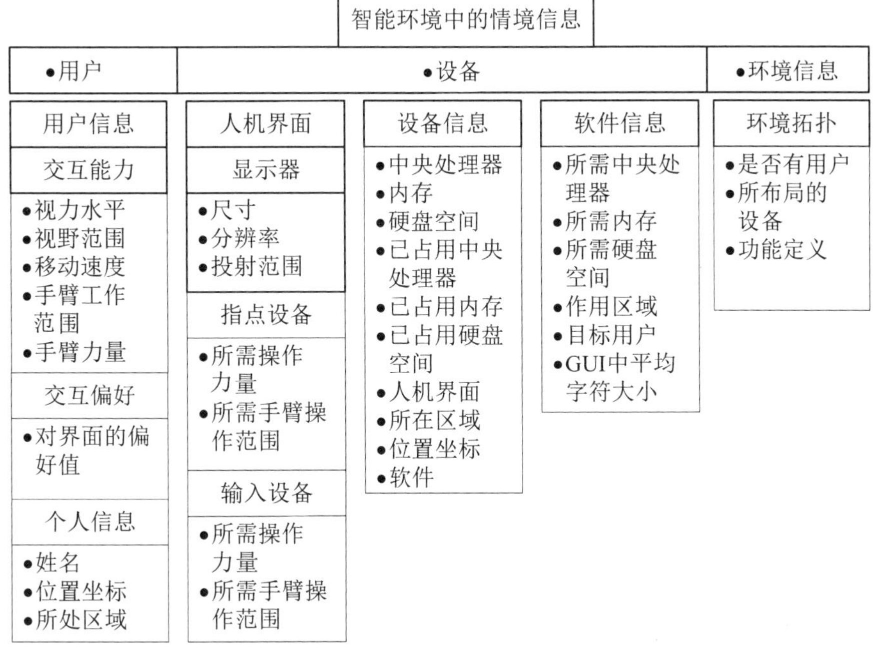

图 3-1　智能环境提供信息服务推送所需的情境信息

用户所处的位置与环境拓扑有关，向用户提供信息服务，必须保证用户能够与系统设备进行交互，而设备布局在环境中各个相对坐标处，因此用户所在的位置是情境感知必须要考虑的因素。用户有其特定的交互能力，如视力水平和视野范围，手臂工作范围和手臂力量等，这些因素决定了用户是否有能力完成与特定设备的交互过程。另外，不同用户对人机界面有个人使用偏好，如相比传统的人机界面，更喜欢使用触摸屏。为了提升系统服务满意度，用户界面偏好也是需要考虑的因素之一。环境中的信息设备有其特定的交互支撑能力，如所能够使用的资源、与周边设备的连接情况等，这些因素决定了系统是否能提供有效的信息服务。环境的划分具有一定的功能意义，如住宅中的客厅、厨房、卫生间等，这种划分代表了用户对特定区域的功能定义，是系统推送服务时需要考虑的因素之一。

根据所指对象不同，输入推理机的情境信息表达形式有所差异，如用户视力水平可表示为 20/40；视野范围为左右 60 度；移动速度为 1.2 米 / 秒；对触摸屏的交互偏好为 1（1 表示喜欢，0 表示无所谓，−1 表示不喜欢）；设备屏幕的分辨率为 1024×768 像素；屏幕文字大小为 12 pt 等。在推理过程中，利用模糊逻辑函数将这些定量数据模糊化，转化成定性数据进行推理。

3.2.2 情境信息分类方法

许多学者根据所采用的情境推理机制提出了不同的情境信息分类方法，如 Schilit 等人 [69] 将情境信息分为计算情境（网络连接、通信费用、通信带宽、硬件资源）、用户情境（用户位置信息、附近的人、社会环境状况）和物理情境（照明、噪音水平、交通状况、温度）；Chena 等人 [97] 在此基础上加入了时间分类；李伟平等人 [98] 将情境信息划分为用户情境和系统情境，进一步地，用户情境又可分为个体情境、自然情境、社交情境和兴趣情境，系统情境可细分为计算情境和服务情境；Ktlhn 等人 [99] 研究了情境信息的分类法，提出了较为详细的分类和层级。表 3-1 列出了目前已有的各种情景信息分类方法。

表 3-1　各种情境信息分类方法

序　号	研究人员	情境信息分类
1	Schilit 等 [69]	计算情境、用户情境和物理情境
2	Chena 等 [97]	计算情境、用户情境、物理情境和时间
3	李伟平等 [98]	用户情境：个体情境、自然情境、社交情境和兴趣情境 系统情景：计算情境和服务情境
4	Abowd 等 [100]	主要情境：位置、身份、时间、活动等 辅助情境：身份、电话号码、地址等
5	ScHMIdt 等 [101]	用户、用户的社会关系、任务、位置、基础设施、物理条件和时间
6	岳玮宁等 [102]	自然情境、设备情境和用户情境
7	顾君忠 [103]	计算情境、用户情境、物理情境、时间情境和社会情境
8	Zimmemann[104]	用户的个性、行为、地点、时间、社会关系等
9	Ktlhn 等 [99]	交互情境：用户的信息接收、感觉、认知、处理、操作、输出等行为 社会技术情境：系统运行情境、系统技术参数、社会行为规则、社会公共组织 物理情境：温度、湿度、环境噪声和亮度等 任务情境：用户根据目标执行的各类任务 空间情境：用户所在的空间位置及其变化 时间情境：绝对时间和相对时间

续表

序 号	研究人员	情境信息分类
10	陈媛媛[105]	用户情境：个体描述、生活形态和行为偏好 环境情境：物理环境和社会环境 任务情境：任务对象和用户行为
11	Perera 等[106]	主要情境：不需要任何现有情境或执行任何种类感知器数据的融合操作就可以获取的信息 辅助情境：所有需要通过计算主要情境获得的信息
12	Gwizdka[107]	内部情境：用户本身的状态 外部情境：环境的状态
13	Abdulrazak B 等[108]	微观情境：用户行为、环境参数、设备信息等 宏观情境：对多个微观情境进行综合分析之后，得出的交互意图或系统整体运行状况

表 3-1 中第 1 ～ 10 和 12 项研究都根据情境信息相关的交互主体和交互行为对情境信息进行分类，这种分类方法有助于设计和开发人员的认知和理解，但对系统开发过程中的情境信息管理帮助不大。第 11 和 13 项研究的分类方法具有较大的相似性，都是根据情境信息获取的难易程度和处理情境信息所需的系统资源进行划分，这种划分方法把信息获取和信息分析处理分开考虑，具有一定的灵活性，使得系统能灵活调用各种信息源分析得出更加宏观的系统运行状况，对于系统情境推理功能的开发具有较高的指导作用。因此，笔者参考这两项研究的分类方法，将系统情境划分为宏观情境（macro context）和微观情境（micro context）。

所有 CPS 设计的目的都是为人提供更加便捷、安全的各种信息化服务，其设计核心是人的（潜在）需求。宏观情境感知的目标是用户及其周边相关信息的整体情况，从而为情境推理提供最新的关于用户和所在环境信息的整体模型，这是保证 CPS 所推送服务具有实际价值的基础。微观情境感知可以分为对活动、时间、环境因素以及交互主体等信息的采集和识别。活动指的是用户在特定时刻的具体肢体行为或感知行为，还包括系统的运行状况。环境因素描述的是用户和系统所在的物理环境要素和社会环境要素。交互主体则指用户本身和系统本体的特征信息。对微观情境的感知依赖于通过分布式计算采集各种微观情境要素的数据信息并进行共享。如图 3-2 所示，CPS 首先采集微观情境信息，然后将信息共享到推理机，根据推理规则进行推理，得到用户、系统以及周边要素的整体情况，在此基础之上分析用户的潜在需求，制定系统决策，推送有针对性的服务。将情境划分为微观和宏观两类不仅能分层处理情境信息，降低系统软件程序的耦合度，还能避免泄漏敏感信息。

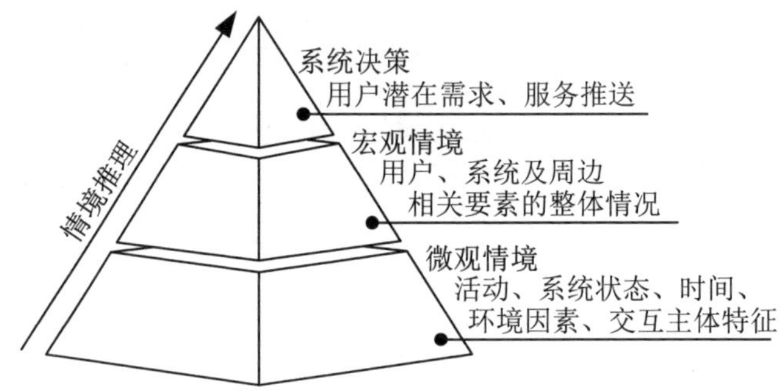

图 3-2　基于微观和宏观情境信息的情境推理

3.3　基于交互能力的情境感知框架

CPS 的情境感知需要考虑微观情境信息的采集和筛选方法，对微观情境进行综合分析、过滤，进而形成宏观情境的推理方法以及设备调用规则。针对在智能环境中布局各种信息设备，向用户提供无处不在的信息服务的应用场景，提出基于交互能力的情境感知框架；利用模糊逻辑组织推理机对情境信息进行推理，找出最适合用户交互能力的设备提供服务。

智能环境通过采集与系统服务相关的情境信息，如用户身份、需要使用的软件、响应服务请求的环境区域等，将情境信息发送到情境推理机，根据推理规则进行推理，再结合服务的特征制定服务决策，之后调用系统设备、人机界面和信息内容等资源向用户提供服务。通过使用面向服务的架构（service oriented architecture，SOA），系统的情境感知服务功能可用于智能环境中的多个子系统，系统中其他软件就不需要再执行复杂的推理过程[15]。笔者提出基于交互能力的情境感知框架（interacting capability based context-aware framework，ICBCF），该框架包括传感器层、情境推理层、系统资源调用层和业务服务层 4 个部分，如图 3-3（a）所示。

（1）传感器层：包含各种传感器，用于采集各种情境信息，如用户的行为、位置以及环境状态。

（2）情境推理层：从传感器层接收到各种情境信息，结合其他由专家输入系统，以及系统运行历史数据的情境信息，采用模糊逻辑组织推理机，基于各种推理规则对情境信息进行推理，形成系统服务决策。

（3）系统资源调用层：根据制定的系统服务决策，调用相关的系统资源，如人机界面资源、系统的软硬件以及信息内容等。

（4）业务服务层：包含系统向用户提供的各种业务服务。CPS 的业务服务可以是直接向用户提供各种信息内容，也可以是利用系统实体硬件，向用户提供改变自然环境或人工对象，并告知用户相关信息的服务。

在 ICBCF 下，系统利用各种传感器收集部分需要实时感知的情境信息，另一些诸如系统软硬件信息、用户个人信息等需要专家手动输入系统之中，之后基于设计专家制定的情境推理规则对这些情境信息进行推理，形成宏观情境，系统基于宏观情境制定决策，选择最符合用户交互能力的设备，并调用系统的信息内容、人机界面以及物理实体资源向用户提供主动式服务，如图 3-3（b）所示。

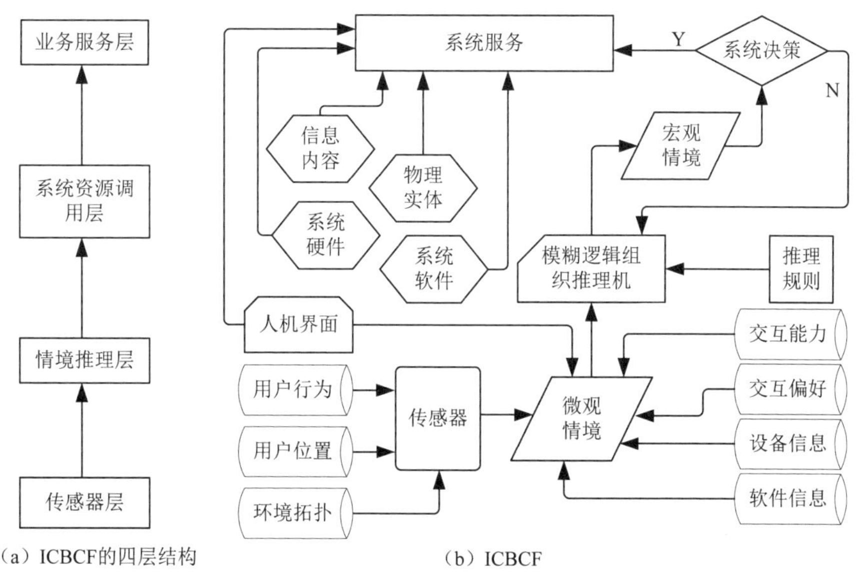

图 3-3　基于交互能力的情境感知框架（ICBCF）

3.4 情境信息的模糊逻辑组织推理

情境感知服务系统利用模糊逻辑组织推理机（fuzzy logic organization reasoning engine，FLORE）[109]匹配服务需求与智能环境中的相关情境信息。模糊逻辑[110]能够把情境信息模糊化，如把具体数值转换成相对于定量集合的模糊值，并利用推理规则进行处理，然后再将结果解模糊化为系统可用的数值。智能环境中交互情境的数据类型具有很大异构性，包括诸如室温之类的量化数据和用户情绪状态之类的定性数据。模糊逻辑能在同一推理规则内对定量和定性数据进行比较。同时，在缺少关于所推理对象精确知识的情况下，基于模糊逻辑的推理算法依然能得出有效结果，智能环境中的系统—人交互关系正属于这一情况。另外，模糊逻辑能够描述无法清晰判断和评估的情形，如通过用户行走速度的“快”和“慢”来判断某一设备资源对该用户是否可用。

利用模糊逻辑对信息进行推理的过程主要包括以下 3 个步骤：①利用隶属函数把输入数值模糊化为定性描述的词汇；②利用前面所得词汇，通过聚集（聚集各种不同表述词汇，形成词汇组）、激活（分配规则进行判定）和累加（把结论合成为要输出的模糊集）完成模糊规则推论；③把输出的模糊集解模糊为具体数值（通常用重心法寻找解模糊集的均值）。图 3-4 以设备 A 的资源使用情况（CPU 和内存占用率）为例，简单说明了所提出的模糊逻辑推理过程。

基于智能环境的分布式布局，以及前文给出的微观和宏观情境模型，FLORE 可以被划分为带有不同模糊逻辑控制器的单元：

（1）FLORE 设备单元——作用于微观情境，计算提供特定服务所需的设备资源和人机交互界面，并将结果共享到宏观情境层。智能环境中所有能提供服务的非专用设备（如桌面式计算机、手机、平板电脑和笔记本电脑）与其软件一起构成一个 FLORE 设备单元。

（2）FLORE 协调器单元——作用于宏观情境，分析来自设备单元、用户信息、环境拓扑、系统部件位置等信息与服务需求的对应关系。

输入：Device A.cpu-Utilization=26%
　　　Device A.ram-Utilization=80%

模糊化：Device A.cpu-Utilization is Free(0.26) and Used(0.3)
　　　　Device A.ram-Utilization is Very used(0.45) and Saturated(0.8)

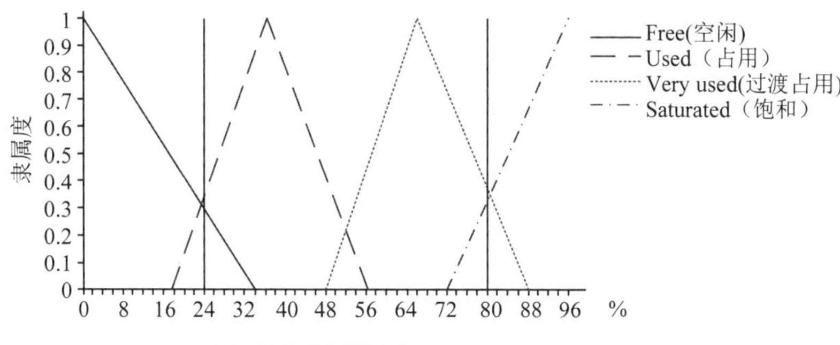

（a）设备资源使用率

推理：IF　Device A.cpu-Utilization IS free(0.25) AND
　　　　　Device A.ram-Utilization is saturated(0.8)
　　　THEN　Device A is not optimal=0.2

　　　IF　Device A.CPU-Utilization IS Used(0.3) AND
　　　　　Device A.ram-Utilization is Very used(0.45)
　　　THEN　Device A is sub optimal=0.30

　　　…

解模糊：

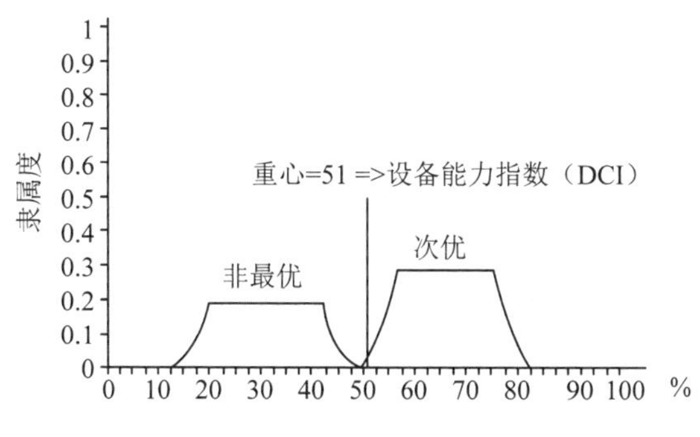

（b）设备资源使用率

图 3-4　设备 A 资源使用率的模糊逻辑

为了筛选出用于提供信息服务的设备，首先利用隶属度函数和模糊规则模糊化情境信息，之后再利用 FLORE 设备单元和协调器单元内嵌的 jFuzzyLogic[111] 控制器进行处理。协调器单元计算结果的范围为 0 ～ 100，记为设备能力指数（device capability index，DCI），表示某个设备对应某项服务请求的最优性，与用户特征相关。为了提供服务，设备必须具备一定数量的中央处理单元（central processing unit，CPU）、随机存储器（random access memory，RAM）或永久存储器（permanent memory storage，PMS），组成特定的配置，另外还需要一些人机界面设施，如鼠标、键盘、触摸屏、显示屏等。FLORE 设备单元初步计算出的 DCI 传输给 FLORE 协调器单元，计算与宏观情境信息相匹配的 DCI。图 3-5 给出了 FLORE 设备单元、FLORE 协调器单元以及管理工具（帮助用户在智能环境中布局服务）三者所处理的情境信息。

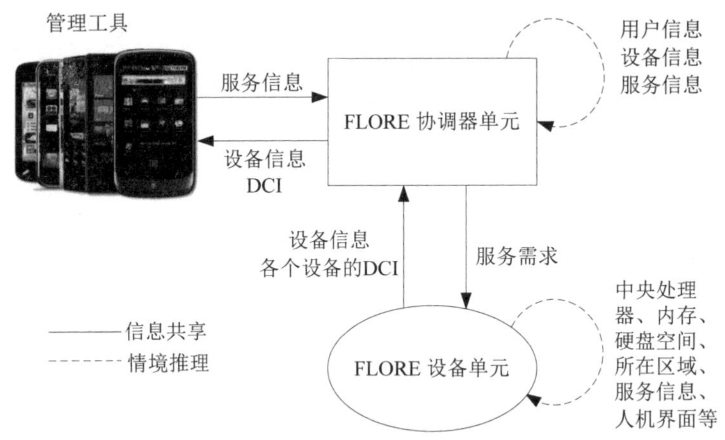

图 3-5　FLORE 处理的情境信息

FLORE 协调器单元根据服务需求处理用户信息，并结合来自 FLORE 设备单元的处理结果，计算设备最终的 DCI。因此，FLORE 协调单元需要基于用户的交互模态对用户信息进行分析。交互模态决定了用户与环境及其他物体交换信息的过程，主要包括感觉（采集环境信息）、认知（感知信息）、理解（解释并保持）、行为（做出反应）。在情境感知服务系统中，通过这种方法对用户交互能力进行分类，并将其应用于推理过程。

笔者提出的 ICBCF 使用视觉和动作两种模态共计 4 类信息：

（1）视野：用户视野和计算设备及其显示器作用范围的对应关系。在模糊逻辑推理过程中，计算用户视野范围和显示器投射范围的重叠区域，判断两者是否双向可达。

（2）视力：用户视力和设备显示器上所显示信息的对应关系。获取用户位置坐标之后，计算用户和服务设备间的距离，对比用户视力水平在此距离所能清晰看到的字符尺寸和显示器上所显示文字的大小，判定是否利用该设备提供服务。

（3）操作能力：用户操作能力和人机界面所需操作能力的对应关系。根据用户位置坐标和手臂操作范围判断是否能对相应的设备进行交互操作。

（4）移动能力：用户移动能力相对于设备和人机界面所在位置的关系。利用用户距离设备的远近和移动速度的比值判断用户到达该设备所需的时间。

以上交互能力信息经过处理之后，传输到 FLORE 协调器单元，利用隶属函数模糊化所有定量数据，将其转换为定性描述词汇，然后利用一系列模糊规则，结合解模糊函数计算 DCI。如利用模糊推理规则：*IF 视野 IS 双向可达 AND 视力 IS 最佳 AND 用户移动能力 IS 快 AND 行走时间 IS 很短 AND 人机界面 IS 已连接 THEN 设备评估 IS 最优*，计算前面给出的各种与交互模态相关的定性信息，并将结果传输给解模糊函数，计算出设备的 DCI，得分最高的设备即是最符合交互情景的设备。

3.5　基于交互能力的设备筛选方法

为了保证情境感知框架的可用性，需要考虑用户的移动和操作能力问题，以确保系统能在用户移动的过程中持续计算对于用户可用的设备，并及时响应服务需求。同时，用户与信息服务设备的交互不只是通过视觉通道浏览信息，很多时候还要进行手部操作，如输入信息、滚动屏幕以查看更多内容等。

3.5.1　视觉能力处理

在人机交互过程中，人的视觉通道接收了大部分的信息，因此针对特定距离内设备而言，用户视觉能力的强弱决定了视觉化人机交互界面的有效性。视野决定了信息显示设备是否能被用户所看见，视力决定了用户是否能看清楚显示设备上的信息。在智能环境中，通过检测用户视觉能力对交互情境进行推理，筛选最佳设备提供信息服务的过程包括：①利用摄像头检测用户是否在显示设备的投射范围内；②检测设备是否位于用户视野范围之内；③对以上两方面的信息进行推理，判断是否启用该设备向用户提供服务。

1. 视野范围双向检测

基于用户所处的位置、面部朝向和视野信息可以计算出环境中用户能够看到的设备。另外，显示设备有其可达投射区，也就是用户能够清晰地看到所显示信息的区域。因此，对于视觉模态信息的评估需要双向验证：找到用户所能看到的设备与验证用户是否能看清楚设备显示的信息。利用算法 1 处理用户视野（field of vision，FoV）、在环境中的位置（笛卡尔坐标系）、面部朝向角度等信息，确定处于用户视野区的设备，然后通过同样的方法检测用户是否处于该设备的投射区域内。用户视野和显示设备投射区域的检测以 *XY* 平面为主，以俯视视角表现视野范围双向可达检测过程如图 3-6 所示。

算法 1　视野范围双向检测算法

其步骤如下：

Step1. 处理用户位置和视野信息，*u.pos* 是用户所在位置，Θ 是人的面部朝向或显示设备朝向面和 *X* 轴的夹角。

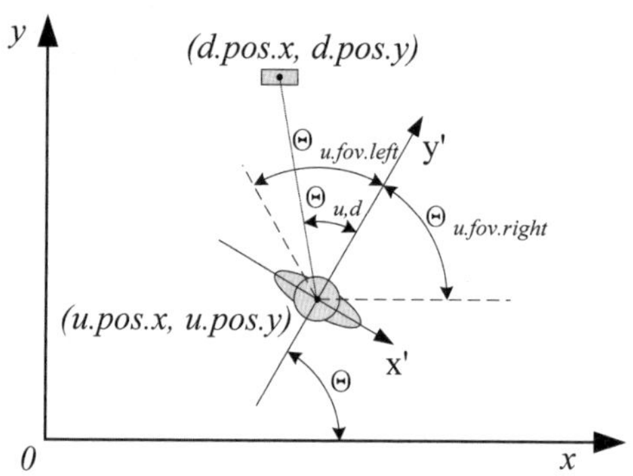

图 3-6　视野范围双向检测算法

$$M^t=\begin{bmatrix}1&0&u.pos.x\\0&1&u.pos.y\\0&0&1\end{bmatrix}$$

$$M^r=\begin{bmatrix}\cos(u.\Theta)&-\sin(u.\Theta)&0\\\sin(u.\Theta)&\cos(u.\Theta)&0\\0&0&1\end{bmatrix}$$

$M=M^t\times M^r$　// 通过坐标变化在用户所在位置处建立新坐标系

Step2. 对每一台设备，把用户所在位置作为新的坐标原点，其视野中心线作为 *Y* 轴，重新计算设备相对于用户的位置和朝向，验证该显示设备是否在用户视野之内。*d.pos* 表示显示器所处的位置，$\Theta_{u,d}$ 表示设备朝向和用户位置坐标系 *Y* 轴的夹角。

$\forall d \in$ 显示器

　　$d.pos' = d.pos \times M$　// 以用户所在位置为坐标原点计算显示设备位置

　　IF $d.pos.y' \geqslant 0$ THEN　// 判断显示设备是否在用户前方

　　　$m_{u,d}=d.pos.y'/d.pos.x'$

$\Theta_{u,\ fov.right}$=(90+*u.fov.right*)×(π/180)　// 用户的右视野区域

$\Theta_{u,\ fov.left}$=(90+*u.fov.left*)×(π/180)　// 用户的左视野区域

IF *d.pos.x*' ＜ 0 OR *d.pos.y*' ＜ 0 THEN　// 判断显示设备是否在用户左、后方

$\Theta_{u,\ d}$=π−|arctan($m_{u,d}$)|　// 计算显示设备朝向与用户位置坐标系 *Y* 轴的夹角

ELSE$\Theta_{u,\ d}$=arctan($m_{u,d}$)

IF $\Theta_{u,\ d} \geqslant \Theta_{u.fov.right}$ AND$\Theta_{u,d} \leqslant \Theta_{u.fov.left}$ THEN 显示设备位于用户视野之内，把显示设备作为坐标中心，重复 Step1. 和 Step2.。如果用户也在显示设备的投射范围内，那么两者双向可视。

2. 视力可达检测

基于斯奈伦测试表 [112] 检测用户是否能清晰地阅读显示设备上 GUI 所显示的文字。根据斯奈伦视力表，正常视力水平为 20/20，表示被试能在 20 英尺（约 6 米）处清晰地看到最小的五分视角字母（视标）。视力表中字母的笔画宽度为 1 分视角（1/60 度），字母的宽和高都为 5 分视角。如果视力水平为 20/40，表示被试需要在 20 英尺位置才能看清楚正常视力在 40 英尺位置看到的字母。利用显示设备上 GUI 所示文字的平均大小（以像素为单位）、设备显示分片率（以像素为单位）以及显示尺寸（以米为单位）计算得到每个显示设备针对用户视觉能力的推荐率（算法 2）。

算法 2　视力可达检测算法

其步骤如下：

u.pos 是用户所在位置，*d.pos* 表示显示器所处的位置，$D_{u,d}$ 是用户和显示设备之间的距离。

$\forall d \in$ 设备，$u \in$ 用户

$\Delta X = u.pos.x - d.pos.x$

$\Delta Y = u.pos.y - d.pos.y$

$\ddot{u}_{u,\ d} = \sqrt{\Delta X^2 + \Delta Y^2}$　// 计算设备与用户的距离

视野边界=$2 * \pi * D_{u,\ d}$

$$字符大小 = 显示设备宽度 \times \frac{软件界面字符大小（像素）}{显示设备宽度方向分辨率}$$

// 显示屏上文字的实际尺寸

$$视标 = 5 * \frac{视野边界值}{1\ 分视角} * \frac{正常视力}{用户视力}$$　// 用户视力水平能清晰看到的文字大小

因此，设备推荐率（device recommendation index，DRI）越接近 1，被试越容易阅读显示设备上所显示内容，相应的设备被选择提供服务的优先度越高。根据计算所得结果把设备推荐率分为 5 个等级：最优（0.8 < DRI ≤ 1）、良好（0.8 < DRI ≤ 0.7）、较差（0.6 < DRI ≤ 0.7）、不可用（0.6 ≤ DRI）。之后，把 DRI 值输入 FLORE，根据模糊规则与隶属函数进行匹配（视角 = 双向可达 or 不可用；视力可达 = 最优、良好、中等、较差、不可用）。

3.5.2 操作能力处理

情境感知服务系统中设备的人机界面对用户操作能力具有一定的要求。文献 [113] 研究了如何评估有生理障碍用户的人机交互能力，基于其研究成果对用户操作能力进行评估。通过评估两方面的因素验证用户是否具有与其交互的能力：①检测用户是否具有足够的手部力量完成按下按钮、移动鼠标之类的操作；②检测环境是否具有足够的空间供用户实施交互操作。如果以上两方面有一项因素达不到设备对用户操作能力的要求，那么该设备推荐率直接为 0。

3.5.3 移动能力处理

情境感知服务系统基于设备和目标用户之间的距离寻找最适合提供服务的设备，所以系统需要考虑用户的平均移动速度来计算最终到达设备所需的时间。利用隶属函数对用户的平均移动速度情况进行分类，用以排除那些需要较长时间才能到达的设备。针对移动速度和所需时间两项指标进行评估的方法更适用于有行动障碍的人，特别是老龄人群。系统会更倾向于为具有较快移动速度的人推荐近（0 ~ 2 秒可达）、中（10 秒内可达），甚至是远（10 ~ 20 秒可达）距离的设备，而对移动速度较慢的人，则只推荐近、中距离，在较短时间内能到达的设备。

与视觉能力的处理方法相同，对移动能力的推理过程也基于模糊规则，利用 FLORE 完成。文献 [114] 和 [115] 对老年人和普通人的行走速度进行了研究，表 3-2 给出了各类用户平均移动速度隶属函数的均值和标准差。对于平均移动速度为 0.8 米 / 秒，标准差为 0.18 米 / 秒，具有中等行动力的老年人，将其归为“慢”类；具有普通移动速度的人，将其归为“平均”类；平均速度为 2.22 米 / 秒，标准差为 0.285 米 / 秒，将其归为“快”类；高于这一平均值的直接赋隶属值为 1。基于文献 [114] 和 [115] 的研究结果，选择高斯分布函数为 4 种行动能力建立模糊隶属函数。

表 3-2　平均移动速度隶属函数的均值和标准差

隶属函数	均值 / (m·s^{-1})	标准差 / (m·s^{-1})
无移动能力	0	0.22
慢	0.8	0.18
普通	1.43	0.1
快	2.22	0.285

针对“无移动能力”模糊概念，选择高斯分布的偏小型作为隶属函数：

$$A(x)=\begin{cases}1, & x\leqslant 0\\ \mathrm{e}^{-\left(\frac{x-0}{0.22}\right)^2}, & x>0\end{cases} \tag{3-1}$$

针对“慢移动速度”和“普通移动速度”模糊概念，选择高斯分布的偏小型作为隶属函数：

$$A(x)=\mathrm{e}^{-\left(\frac{x-0.8}{0.18}\right)^2},\quad -\infty<x<+\infty \tag{3-2}$$

$$A(x)=\mathrm{e}^{-\left(\frac{x-1.43}{0.1}\right)^2},\quad -\infty<x<+\infty \tag{3-3}$$

针对“快移动速度”模糊概念，选择高斯分布的偏大型作为隶属函数：

$$A(x)=\begin{cases}0, & x\leqslant 2.22\\ 1-\mathrm{e}^{-\left(\frac{x-2.22}{0.285}\right)^2}, & x>2.22\end{cases} \tag{3-4}$$

最终建立的模糊隶属函数曲线如图 3-7 所示

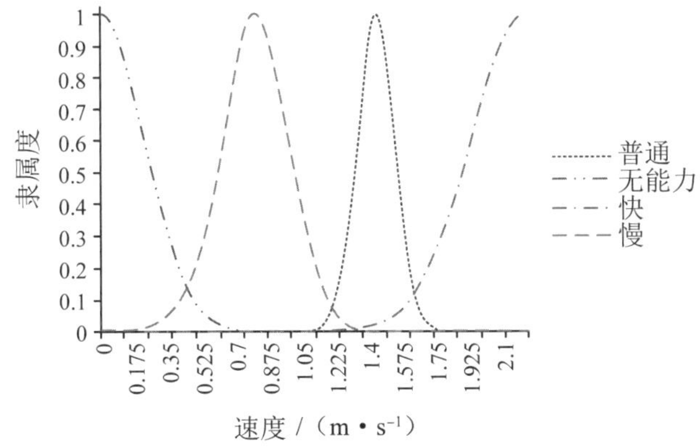

图 3-7　用户移动能力隶属函数曲线

3.5.4 人机界面偏好

用户的交互能力是服务推送系统筛选设备需要重点考虑的因素，但用户对设备交互界面的偏好也不应该忽略。特定的用户可能对显示器尺寸和键盘的形态有一定的要求。在情境感知系统中，用户的这类偏好能作为用户操作能力的补充因素，更有针对性地筛选出用户可用的设备。采用 Likert 量表[116]定义用户对各交互界面的偏好。在系统布局之前，由用户分为 3 类情况定义自己对各交互界面（如键盘、显示屏、鼠标等）的偏好值：喜欢某一交互界面赋值为 1，中立态度赋值为 0，不喜欢则赋值为 -1。

系统针对各服务设备计算其整体的交互界面偏好值，值越高，表明用户越倾向于使用这台设备进行交互。同样把设备的整体界面偏好值传输到模糊系统，利用模糊规则进行评估。这种方法比较直接，且大部分时候都比较有效。为了避免要求用户针对所有服务设备定义人机界面偏好值，系统使用了情境描述中的继承机制定义用户对主要界面类型的偏好。如果遇到没有定义人机界面偏好值的设备，那么直接从情境描述中的继承树中搜索第一个被定义了界面偏好值的设备。

3.6 案例验证

智能家居系统（smart home system）是 CPS 的典型应用领域。针对家居环境，应用 CPS 的情境感知、普适计算、分布式布局、远程控制、自适应机制等技术可以实现更加便利的生活信息服务和环境控制功能。智能家居典型的功能包括家居环境安防的实时监控和远程控制、生活资源和家用电器的状态监控与远程控制、无处不在的信息服务、健康管理与慢性疾病监控等。笔者针对无处不在的信息服务这一功能提出基于交互能力的情境感知服务推送方法，实现在家居环境内多个位置根据用户的视觉特征、手臂操作能力和空间要求、移动速度、人机界面偏好等因素选择最优设备，向用户提供信息提醒服务。

3.6.1 智能家居信息服务系统

智能家居信息服务系统通过一个案例场景说明情境感知服务系统如何利用交互模态信息和用户对交互界面的偏好计算设备的 DCI。智能家居系统的硬件和信息构成如图 3-8 所示，家居环境被分为多个功能区域，如厨房、客厅、卧室等，多个设备和相关的人机交互界面安装在这些区域内。系统通过传感器采集用户的位置和面部朝向等信息，用于判定用户与显示器是否视觉双向可达。另

外，与设备信息和用户个人信息一起输入模糊逻辑组织推理机中，对各类信息进行模糊推理，筛选出最佳设备向用户提供服务。

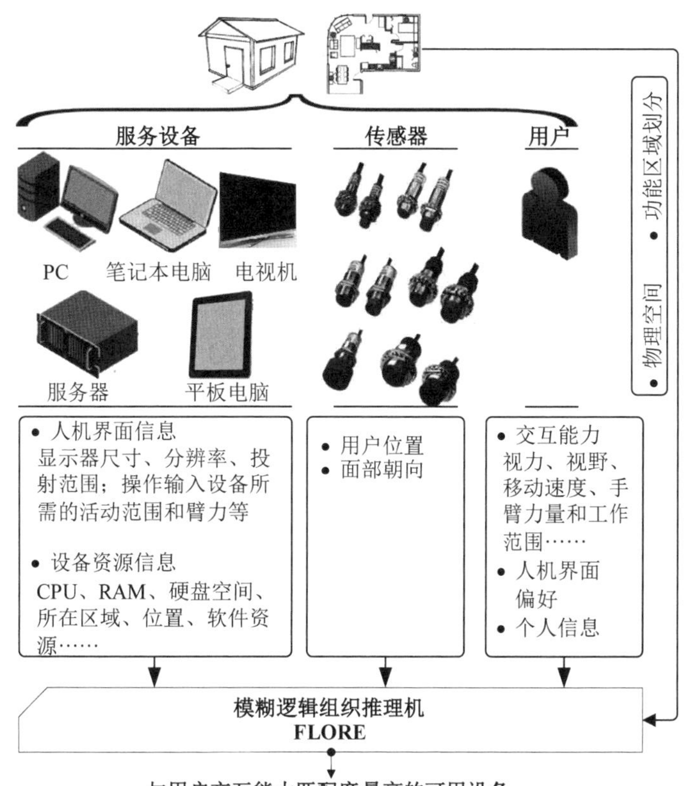

图 3-8　智能家居信息服务系统

假设某智能家居系统用户患有慢性病，需按时服药，但该用户经常会忘记按时服药（不讨论原因）。智能家居系统将通过用户的日程安排（存储于智能手机之内）读取提醒用户按时服药的服务需求，然后在需服药的时间点，根据用户所处在智能家居环境内的位置，利用就近的人机交互设备提醒用户按时服药，以及服用药物的注意事项。本示例假定用户将药物放置在厨房内的储藏柜中（在系统实际运行时可由用户自行定义特定服务对应的环境区域）。用户的其他信息包括：视力较差；视野范围一般；移动（步行）速度一般；上肢具有足够的力量操作人机交互设备（触摸屏、键盘、鼠标等）；环境中也有足够的空间供用户展开操作；相比于传统人机交互设备，用户更倾向于触摸屏操作。系统提供服药提醒功能所需的资源包括：用于显示信息的触摸屏，最好位于放置药品的区域。

在图 3-9 所示的布局图中，离用户所处位置最近的有 4 个交互设备：右前方的笔记本电脑、右方的智慧家庭服务器、左前方的平板电脑以及左后方的电视机。图中给出了各种交互模态的作用区域，如用户视力和视野区（扇形）、用户在 2 秒钟之内可到达的范围（圆形），同时还给出了提供服务的目标区域（矩形）。

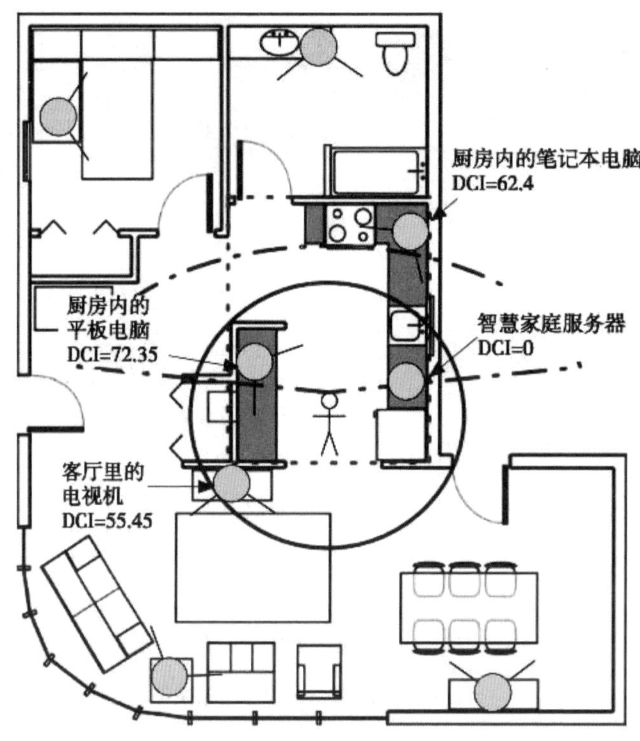

图 3-9　基于交互能力的服务设备筛选

情境信息被传输到情境感知服务推理机（FLORE）之后，系统就可以计算每台设备的 DCI。在示例中，厨房内的平板电脑的 DCI 值最高，为 72.35，其次是厨房内的笔记本电脑，62.40，再是客厅里的电视机，55.45，最后是智慧家庭服务器，0。本示例中的数值来自后续实验与验证部分的一个验证情境。厨房内的笔记本电脑 DCI 得分较低是因为距离用户较远，且对视力要求较高。另外，用户对人机界面的偏好是触摸屏优先于鼠标和键盘。客厅里的电视机位于用户后方，且在服务目标区域（厨房）之外，这两个原因使其 DCI 得分较低。此外，智慧家庭服务器并没有提供信息的显示器和人机交互设备，因此无法为

用户提供所需的服务，DCI 得分为 0。所以，在测试环境中，为用户提供服务的最佳设备为厨房内的平板电脑。

3.6.2　系统开发

笔者提出的系统基于 OSGi 框架开发。OSGi 属于面向服务的架构，能够为普适计算应用的模块化提供支撑，并对其进行管理。由于情境感知服务系统属于分布式架构，因此采用 Apache CXF dOSGi 和 WS-Discovery 为服务设备和协调设备（主要用于运行情境感知服务推理机 FLORE）提供通信支持。OSGi 框架之上是一些用于在智能环境中为用户提供服务的应用模块。环境管理协调器节点用于管理设备搜索过程，存储环境拓扑信息，接受服务请求，并利用 FLORE 进行处理。设备节点布局在环境中的设备之上，主要实现为用户提供的各种服务，同时也对情境信息进行推理。

主动服务功能利用情境信息和用户信息寻找最佳设备为用户提供服务，因此需要对情境信息进行描述。笔者提出的情景感知框架利用 OWL 中的元本体 [24] 描述普适计算环境，它能够利用资源描述框架和 OWL 格式的语义连接表示情境信息。系统使用 JENA 框架处理情境信息。模糊逻辑控制器基于 jFuzzy Logic API 实现，使用模糊控制语言定义隶属函数、解模糊函数和模糊规则。由其他环境应用程序或管理工具发送到系统的服务请求通过网络服务请求接收，然后传输给情境感知服务推理机。

智能环境中的情境信息一部分由专家手动输入宏观环境描述，如环境拓扑、用户交互能力等。一些关于设备的信息，如显示尺寸、分辨率、朝向以及已连接的人机交互界面由系统通过硬件管理工具提取。而用户所在位置 / 朝向、移动速度和设备资源等信息则在服务过程中，由传感器实施捕捉，动态地提供给相关的应用程序。

3.6.3　实验与验证

此处主要验证情境感知服务系统的技术可行性，而不是这种服务系统对实际用户产生的影响。因此，实验和验证阶段的主要目标为：①验证系统是否能根据具体的使用情境和用户信息给出最优的解决方案，也就是找出针对特定情境中应该具有最高 DCI 值的设备；②验证系统的执行效率，也就是在较短时间内处理服务请求的能力；③针对相似的使用情境，确保系统所需的执行时间稳定，产生的结果可重复，得出的 DCI 值差异较小。

针对第一个测试目标，建立两类验证情境。第一类情境在智能家居环境中设定不同的用户角色，然后发送服务请求，分析情境感知服务系统计算得出的各个设备 DCI 值，并对不同用户角色所得值进行比较。第二类情境用于测试用户对人机界面的偏好对情境感知服务推理过程以及 DCI 的影响。定义 5 种具有不同人机界面偏好的用户，并分析系统计算结果。以上两类测试均在某家电企业的智能家居实验室内进行，由相关企业人员扮演不同类型的用户角色。所有测试场景均涉及 8 台设备，其中 4 台离用户所处位置较近，分别是：

（1）一台 Thinkpad 笔记本电脑（Intel Core i5 5200U, Windows 7, Java 6）。

（2）一台联想平板电脑（2G Intel 处理器，Windows 8，Java 6）。

（3）一台 PC 服务器（Intel 四核处理器，Windows vista，Java 6）。

（4）一台安装在客厅的多媒体电视机（Intel Core 2, Windows 7, Java 6）。

另有一台智能手机（Android 4.2）放在客厅的桌子上。以上所有设备的布局如图 3-8 所示。针对第一类验证情境，设计 5 种用户角色：

（1）普通用户：具有平均视力水平，普通行走速度，视野范围正常，手臂力量和工作范围良好。

（2）近视用户：视力水平较低（10/20），其他能力处于普通水平。

（3）窄视野用户：左眼视野范围为 60 度，其他能力处于普通水平。

（4）操作能力受限用户：手臂力量受限（只能输出 100 N 的力），手臂操作范围受限（60 度）。

（5）移动能力受限用户：行走速度为 0.8 米 / 秒，其他能力处于普通水平。

在测试过程中，以上 5 位用户站在智能家居环境中的同一位置，紧邻客厅的餐厅入口处，面向厨房，然后启动系统，执行信息采集和情景推理，根据情境信息筛选出的设备情况见表 3-3。

对比针对普通用户和近视用户的测试结果，厨房位置的平板电脑和客厅的电视机所得的 DCI 值有所下降，其原因在于近视用户较低的视觉能力使得以上两台设备的视觉可用性较低。其他两台在视野之外的设备的 DCI 值基本相同。对于窄视野用户，厨房平板电脑的 DCI 值与针对普通用户测试所得的 DCI 值相同，因为这两类用户的视力和视野水平在此处没有差异；而厨房的笔记本电脑对于窄视野用户来说，则处于第三顺序，位于客厅电视机之后。其原因在于，平板电脑在窄视野用户的视野能力之外，而电视机距离用户更近一些。针对操作能力受限用户，由于不能与笔记本电脑的界面进行交互，因此系统给予厨房的平板电脑最

高 DCI 值，用它来提供辅助服务。最后，针对移动能力受限用户，两台最近的设备得到了比较高的 DCI 值（平板电脑和电视机），由于和用户距离较远，笔记本电脑排在第三位，智能手机的 DCI 值大幅下降。由此可见，情境感知服务系统能根据不同的用户信息，计算特定设备的 DCI 值，选择最适当的设备提供服务。

表 3-3　利用各类用户角色对系统进行验证的结果

用户信息	系统计算时间 /s	结　果	
		DCI	设备
普通用户	0.549	75.56	厨房平板电脑
		63.50	厨房笔记本电脑
		63.18	客厅电视机
		45.40	智能手机
近视用户	0.534	72.35	厨房平板电脑
		62.40	厨房笔记本电脑
		55.45	客厅电视机
		44.60	智能手机
窄视野用户	0.540	75.56	厨房平板电脑
		66.28	客厅电视机
		63.46	厨房笔记本电脑
		49.93	智能手机
操作能力受限用户	0.285	76.89	厨房平板电脑
		66.31	客厅电视机
		49.93	智能手机
		0.00	厨房笔记本电脑
移动能力受限用户	0.510	75.84	厨房平板电脑
		65.38	客厅电视机
		63.43	厨房笔记本电脑
		35.67	智能手机

第二类情境验证用户对人机界面的使用偏好所产生的影响。5 个对人机界面有不同偏好的用户处于智能家居的同一位置，同一面部朝向，然后发出服务请求，系统处理结果见表 3-4。针对用户完全喜欢其界面的设备和完全不喜欢其界面的设备，DCI 值的差异也只有 3.74，这不足以在所有使用情境中作为依据，赋予一台设备更高的优先权。另外，在完全不喜欢的情境中，设备的 DCI 值也没有达到预期的 40 之下。调整与用户对人机界面偏好相关的模糊规则和隶属函数之后，再次实验，得到了预期的结果，DCI 值最大的差异达到了 5.75。

表 3-4　根据用户对人机界面偏好提供服务的测试结果

用户人机界面偏好	系统计算时间 /s	结　果	
		DCI	设备
喜欢所有界面	0.330	79.74	厨房平板电脑
		79.56	厨房笔记本电脑
无所谓	0.506	79.84	厨房平板电脑
		79.68	厨房笔记本电脑
不喜欢所有人机界面	0.610	77.16	厨房平板电脑
		76.10	厨房笔记本电脑
不喜欢触摸屏	0.710	79.74	厨房平板电脑
		76.10	厨房笔记本电脑
不喜欢物理界面	0.488	79.57	厨房平板电脑
		77.16	厨房笔记本电脑

第二项验证目标是系统的计算时间少于用户的反应时间，也就是 1 ～ 2 秒。由于情境感知服务系统可能用于专业的医疗护理服务，其中的一项要求就是让用户感到服务是瞬间响应的。上述实验验证场景的平均计算时间为 0.5 秒（其中包括网络、系统延迟以及网络服务请求时间），小于用户的反应时间，有助于提供及时的辅助服务。

另外，情境感知服务系统在测试中表现出了稳定的效率，数据处理时间较为稳定；实验结果在其他使用情境中可重复，DCI 值在相似情境中变化不大。

3.7　小　结

本章在传统情境感知相关研究的基础上，把 CPS 的交互情境划分为微观情境和宏观情境。这种划分方法有利于系统开发过程中的信息管理，具有一定的灵活性。针对智能环境中提供无处不在的信息服务的场景，筛选出用户信息、环境信息、设备信息和软件信息作为系统开发中需要考虑的情境信息，提出了一种基于交互能力的情境感知框架，利用模糊逻辑推理的方法对用户交互能力进行推理，筛选出最适合用户的设备提供信息服务。针对系统原型展开的实验和验证表明，系统能在各种测试中根据使用情境计算出各个设备的 DCI 值，也就是能找出特定情境之下，与用户交互能力最匹配的设备提供服务。系统的计

算时间和效率也符合预期，能向用户提供及时的服务。

后续研究工作将基于情境提出交互情景的概念，并从情景的角度出发展开 CPS 系统功能的设计和评估，分析系统潜在用户对系统功能设计方案的接受程度。

第 4 章　基于情景–服务匹配的 CPS 功能定义

CPS 设计的目标是通过情境感知提供个性化、符合用户预期、具有适应性、透明、无处不在的智能化信息服务[117]。目前关于 CPS 的研究主要集中于系统建模[118]和体系结构设计[119]方面，对于系统功能设计是否符合用户特定情景下需求的研究较少。文献［120］的研究表明，CPS 对于非结构化的日常生活场景能产生更大的影响。在此类场景下，用户与 CPS 的交互形式不再是传统的单个用户在狭小的空间中使用各种数字化产品和设施完成某些既定的任务目标，而是在真实的生活场景中，用户与各种物理实体进行信息交互，同时还可能伴随着与其他用户之间的交流。CPS 及其相关技术是否能为用户提供相应的功能支持，系统的功能设计是否被用户所接受，是否符合用户在特定场景下的需求等问题对 CPS 的用户满意度提升至关重要，亟待相关从业人员和科研人员研究解决。

本章基于情境感知和任务–技术匹配（task-technology fit，TTF）相关研究，提出情景–服务匹配（situation-service fit，SSF）模型，将其细分为行为、模态、空间和时间 4 项要素与服务的匹配关系，提出基于情境的动能定义方法以及设计工作坊开展流程。结合技术接受模型（technology acceptance mode，TAM）和 SSF 对基于信息物理融合的智能浴室案例进行了研究，并对实验结果进行了讨论和分析。

4.1　交互情景

CPS 通过将信息空间和物理世界的高度融合为人类的日常生活行为提供相关服务，如根据用户所在位置提供就近区域内的餐饮、购物、娱乐信息等[121]。由此，用户使用 CPS 所提供服务的体验变得非常重要，是系统设计需要着重考虑的因素。与传统的信息服务系统相比较，CPS 一般都会为用户提供多个、多种服务接触点，如用户可利用 PC、智能手机、平板电脑，甚至是带有显示屏的冰箱浏览附近的餐饮服务信息。为了实现良好的用户体验，CPS 不仅要保证多个服务

设施之间无缝的信息传输，还要实现物理实体和信息空间的有效连接，本地服务和远程服务的高效协同。因此，集成和整合物理实体、信息对象和服务，满足用户在特定情景下的需求是 CPS 的核心功能[122]。

日常生活场景和组织良好的结构化环境之间的区别在于其情景的多变性和不可预测性[123]。CPS 的服务设计阶段只能筛除掉一些交互情景假设，整体的服务功能设计必须具有一定的灵活性和适应性以应对服务情境的变化。与传统的信息服务系统相比较，CPS 面对的是弱结构的服务环境。相关领域的研究人员提出了“情境”的概念来处理信息系统在特定时间、特定空间内所面对的复杂服务场景。Dey 在文献[124]中对“情境”的定义为：情境是所有用来描述特定实体所处状态的信息总和，实体可以是人、空间或是任何与人机交互相关的实体化、非实体化对象，也包括用户和应用程序本身。因此，情境是相关实体在特定情景下的所有表现形式。这说明并非所有的情境信息都会出现在特定的交互情景之中，它是所有交互情景信息的超集（superset），两者的关系如图 4-1 所示。

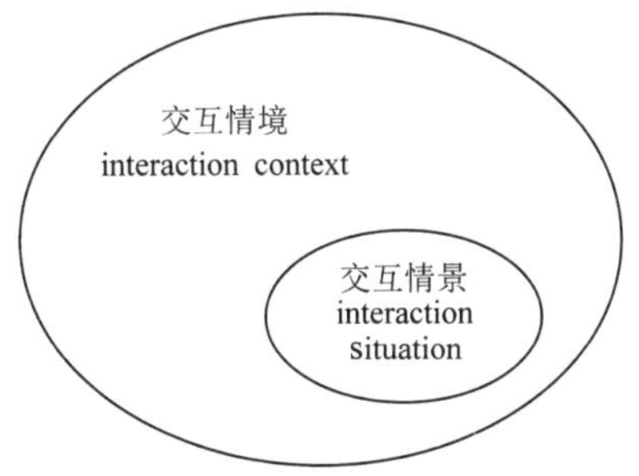

图 4-1　交互情境与交互情景的关系

为了便于理解，将“交互情景”定义为：情景是用于描述实体情境中可变部分的所有信息。实体可以是所有与系统服务-人交互行为相关的人、场所、物理和信息对象，进一步说明如下：

（1）与情境相似，情景也可以通过实体建立表现模型。

（2）情景是情境中实体的实例化表现。

（3）基于 Dey 对情境的定义，情景包括物理对象和信息对象。如果交互情景独立于信息对象存在，那么用于传播信息对象（如新闻内容）的物理对象（如报纸）可以作为一种交互情景的组成要素。信息对象可分为系统所要传达的信息本身和交互情景信息。

（4）用“服务”代替了 Dey 所提出情境概念中的“应用程序”，因为后者更侧重于对计算机程序的描述，而“服务”是一种行为、过程和系统表现，更加侧重于系统和用户之间的交互。

（5）情景可以直接用于规范化描述用户行为和系统表现。情境是一种信息超集，它描述了环境所有的可能性，而情景用于描述实际的用户、系统行为，以及系统的表现状态。

以第 3 章的智能家居信息服务系统为例，系统交互设计的情境因素包括：用户的视力、计算机操作能力、移动能力和人机界面偏好，系统计算机的性能和工作状态。与系统服务对应的某一交互情景可能是：用户视力为 10/20（斯奈伦视力表）；用户手部力量足够，能灵活操作计算机，且离用户最近的计算机周围具备操作所需的空间；用户的移动速度为 2.22 米 / 秒；偏好使用可以触屏操作的平板电脑；用户周围可用的设备包括一台笔记本电脑和一台平板电脑，都处于待机可用状态，且性能足以完成向用户提供提示信息的服务。系统依据这一具体交互情景，选择利用平板电脑主动向用户提供信息服务。

综上，情景是特定情境因素的实例化表现，是处于特定状态的情境因素的集合，它可以用来定义系统在特定时间、空间，针对特定用户提供的服务。

4.2 技术接受模型与任务技术匹配模型

为了评估消费者对信息技术产品和系统的接受程度，技术接受模型和任务技术匹配模型被提了出来。基于在实际应用中能有效地分析影响技术接受程度的原因，相关研究人员针对这两种模型展开了大量研究，提出了更多优化模型和理论，还将两者结合起来评估信息技术系统，且取得了较为可靠的评估结果。

4.2.1 技术接受模型

为了解释、预测用户对信息技术的接受和使用情况，在理性行为理论及其相关理论的基础上，Davis 提出了技术接受模型（TAM）[125]，如图 4-2 所示。TAM 认为，用户对于特定信息系统的实际使用行为由使用意向（intention to use，IU）决定，使用意向由用户的使用态度（attitude to use，AU）和感知有用性（perceived usefulness，PU）共同决定。使用态度由感知有用性和感知易用性（perceived ease of use，PEU）共同决定，且感知易用性还会正向影响感知有用性。其中，行为意向是用户使用一项特定信息技术主观意向的强烈程度。使用

态度是指用户对使用一项特定信息技术的正面或者负面的感受。感知有用性是指用户认为使用一项特定信息技术能够加强自身工作绩效的程度。感知易用性是指用户认为使用一项特定信息技术的难易程度。

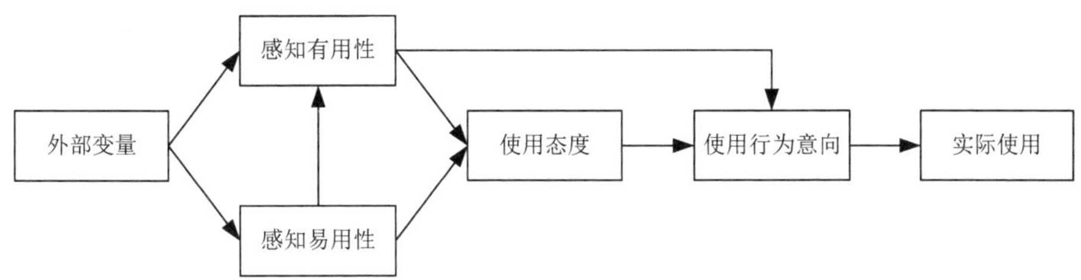

图 4-2　技术接受模型（TAM）

TAM 揭示了决定技术是否被用户所采纳的一般影响因素，该模型非常精简，而且能够揭示不同技术、不同用户群体的技术使用行为。TAM 一经提出就引起了理论界的广泛重视，相关学者对该模型深入研究之后，对其进行了改进。Venkatesh 和 Davis[126] 在原有的 TAM 之上提出，社会影响过程（包括社会规范、形象、自愿、经验）和认知工具性（包括工作相关性、输出质量、结果示范、感知易用性）对感知有用性和使用意向具有一定影响，提出了 TAM2。Venkatesh 和 Bala[127] 在综合前人的研究基础上进一步研究感知易用性的影响因素，提出了 TAM3。Venkatesh 等人 [128] 在梳理整合了 8 种技术接受模型：理性行为理论（theory of reasoned action，TRA）、技术接受模型（TAM）、动机模型（motivational model，MM）、计划行为理论（theory of planned behavior，TPB）、组合技术接受模型和计划行为理论的模型（combined-TAM-TPB）、计算机可用性模型（model of PC utilization，MPCU）、创新扩散理论（innovation diffusion theory，IDT）和社会认知理论（social cognitive theory，SCT），提出了技术接受和使用整合模型（the unified theory of acceptance and use of technology，UTAUT）。Venkatesh 等人 [129] 进一步研究消费环境中使用意向和使用行为的影响因素，提出了 UTAUT2。

TAM 模型及其后续延伸模型的解释力和量度的有效性在不同用户群体、不同技术、不同组织环境下都得到了充分的验证。苏婉等人 [130] 基于 UTAUT 理论，提出了物联网的用户接受模型，指出了感知风险、绩效期望、努力期望、社会影响、便利条件等因素对用户使用意图的影响。Hong 和 TAM[131] 在 TAM 的基础上引入了普适计算技术特点和用户日常生活情境两项指标评价多功能信

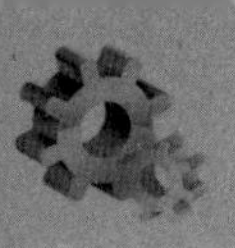

息家电的用户接受度。马燕清[132]在原有TAM模型基础上引入兼容性和感知愉悦性指标对电视视频点播的使用意向进行了研究。Abdullah和Ward[133]针对在线学习的量化研究发现：自我效能、愉悦度、体验、计算机焦虑和主观规范是度量学生对在线学习系统感知易用性和感知有用性的最佳观测指标，并在此基础上提出了针对在线学习的TAM扩展模型。

综上所述，TAM及其改进和拓展模型在测量用户对新技术，特别是信息技术的接受程度方面具有很强的应用价值。笔者将针对CPS的主动服务、普适计算、多模态交互等特点改进TAM，并用改进后的模型评价用户对CPS功能设计方案的接受程度。

4.2.2 任务-技术匹配模型

信息技术提供的功能唯有针对某种特定的任务来设计才能满足其需求。当信息技术没有满足个人的任务需求时，会降低用户对该信息技术的感知有用性。同样，信息技术功能设计是否合理，会影响用户对该信息技术的感知易用性。任务-技术匹配（TTF）[134]（图4-3）正是基于这一理念提出的，它定义了技术与任务要求以及任务执行者能力间的匹配程度。TTF的核心是个体特征、技术特征以及任务特征与技术的匹配程度。任务特征是指用户使用该系统所要完成的结果；个体特征是指使用者对该系统的了解和掌握情况、类似技术或系统的使用经历等；技术特征则是指该信息系统能够为个体带来的功能效益[135]。以上三者对任务技术的匹配度都有影响，技术和任务匹配度越高，工作效果越好[136]。

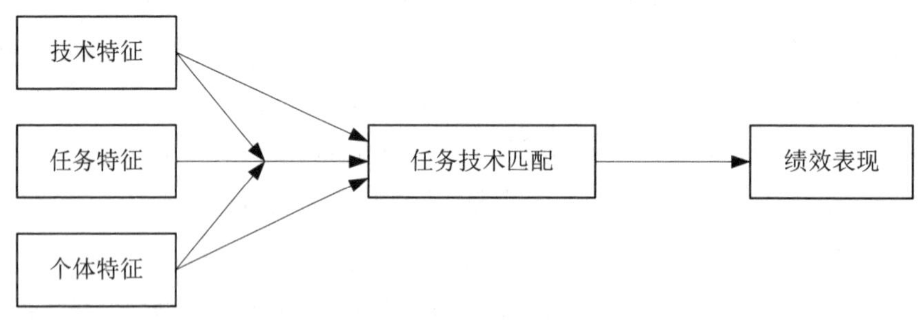

图4-3 任务-技术匹配模型（TTF）

TTF进一步分析了影响技术感知有用性和易用性的因素，得到了相关领域学者的广泛重视。Mathiesona和Keil[137]把TAM模型中的易用认知与TTF结合起来，提出TTF也是影响易用性认知的重要因素。Dishaw和Strong[138]把TAM

的使用行为意向变量引入 TTF 中，并增加行为控制变量，建立了 TTF 与技术接受的整合模型。郭梦怡 [139] 利用 TTF 和 TAM 整合模型研究了手机浏览器的用户使用意向，研究结果为手机浏览器的设计提供了指导方向。李君君和孙建军 [140] 以个体消费者为研究对象，结合用户的感知因素，构建了面向电子商务网站的技术采纳行为的 TAM/TTF 整合模型，模型解释了 77.9% 的行为意向的方差变异量，很好地预测了用户态度和行为意向。Yen 等人 [141] 利用 TAM/TTF 整合模型研究了消费者对无线技术的采纳意向，找出了各变量之间的关系，并证明了易用感知、任务特征、任务技术匹配度等因素对用户是否接受技术都有影响。

以上相关研究表明，与 TAM 整合之后，TTF 能进一步分析用户对信息技术的接受度，找出系统概念设计的不足，为信息系统的开发提供方向性的指导。但 TTF 的提出具有其时代特征，20 世纪 90 年代初，信息技术正处于飞速发展的初期阶段，大规模并行处理、多媒体、面向对象程序设计和开放系统等技术得到了广泛的重视，特别是多媒体技术的应用前景和巨大市场潜力成为众多研究机构和厂商的追逐热点。技术发展初期所产生信息系统的粗犷和不宜人性，导致相关学者对利用特定信息技术完成某些日常任务的适宜性产生了怀疑，从而提出了任务和完成任务所采用技术需要匹配的论点，并在此基础上提出了 TTF。

在信息技术高度发达，信息对象和物理对象高度融合的时代，系统所采用的技术更加隐性化；基于以人为中心的设计理念，系统的交互行为和界面设计更加注重用户的使用体验，技术所实现的功能更加宜人；用户积累了信息技术产品的使用经验，对信息技术的接受度有所提高。从用户的角度出发，技术并非重点，利用技术实现的功能——也就是服务才是决定 CPS 是否具有使用价值，是否能被接受的重要因素。笔者基于 TTF 理论，提出用于评估用户对 CPS 功能设计接受度的情景–服务匹配理论。

4.3　情景–服务匹配模型

无论是在 C/S（client/server，客户机 / 服务器）结构的软件系统中，还是 B/S（browser/server，浏览器 / 服务器）结构的网络化服务平台中，用户所能够执行的操作都被限定在系统设计时所定义的功能范围之内，具有高度结构化的特点。而 CPS 通过感知外部环境和交互情境，动态地配置所提供的服务，使其与特定的情景和用户需求相匹配。在高度动态变化、依赖于交互情境的 CPS

中，用户与系统之间的交互和协作活动更加复杂[142]，系统不仅要通过其功能支持用户逻辑连贯的行为，还要考虑到用户对服务内容、社会组织关系、人与系统的交互以及支撑服务等方面的离散式需求[143]。用户对于特定情景下应该提供的服务具有自己的认知和理解，即用户的心理模型。CPS 通过情境感知提供的服务应该符合用户的心理模型，否则会引发服务与用户需求的错位，最终导致用户对服务系统的感知有用性和易用性降低，进一步影响使用意向。

如前所述，日常生活并不像严格控制的业务环境那样具有定义清晰的任务。例如，在家居环境中，用户经常性地在多个任务间转换，甚至同时执行多项任务，与用户进行交互的对象在不停地变化。因此，定义系统功能需求的并不是任务，而是情景。在特定情景下，用户有时会通过执行多项任务完成同一目标。由此，可以说情景是一种限制、组织用户与服务系统、信息空间以及物理对象之间交互行为的模式，CPS 提供的服务与情景的匹配度越高，就越符合用户对系统功能的需求。

基于以上讨论内容，提出情景-服务匹配（SSF）模型（参见图 4-4）。SSF 表现的是系统所提供服务与特定情景之下用户需求和用户特征的符合程度。与 TTF 类似，SSF 假设服务于情景匹配度越高，个体或用户群体在特定情景下的利用服务完成特定目标的效率越高。

根据第 2 章对交互情境的定义和第 3 章对情境信息的分类，将 SSF 细化为 4 对匹配关系：行为-服务匹配（behavior-service fit，BSF）、模态-服务匹配（modality-service fit，MSF）、位置-服务匹配（location-service fit，LSF）以及时间-服务匹配（timing-service fit，TSF）。

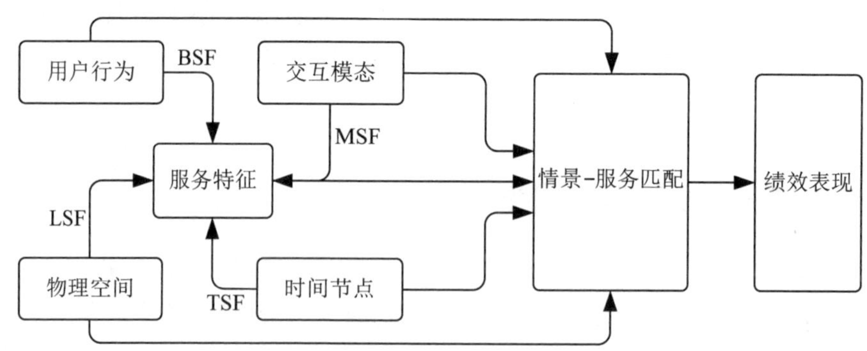

图 4-4　情景-服务匹配模型（SSF）

4.3.1　行为-服务匹配（BSF）

行为-服务该匹配关系用于度量 CPS 系统通过情境感知所提供的服务和用户个 / 群体行为的匹配程度。用户的行为习惯是价值观的一种体现，如某些用户喜欢在沐浴的时候听音乐，如果智能浴室系统在用户沐浴时自动播放用户喜欢的音乐，用户对系统的接受程度就会高很多，也是系统服务与用户行为匹配的一种体现。

4.3.2　模态-服务匹配（MSF）

模态-服务该匹配关系用于度量系统提供服务采用的实现形式和特定情景下用户所能够使用的交互模态间的匹配关系。MSF 类似于 TTF 中的质量和兼容性因素。当服务所采用的信息表达形式与特定交互情景下用户所能够采用的交互模态相匹配时，才能顺利完成信息在系统和用户之间的传递，否则将导致系统功能执行失败。例如，在夜晚或光线不足的环境中，用户无法通过视觉模态接收信息，系统在感知到这一情景时，应该通过声音模态传递信息，从而达成交互模态与系统服务的匹配。

4.3.3　位置-服务匹配（LSF）

位置-服务该匹配关系用于度量系统提供服务的空间位置与用户期望该服务出现的位置的匹配程度。LSF 类似于 TTF 中的定位能力因素。CPS 可以通过普适计算实现无处不在的信息服务，但用户对于信息和物理空间的对应关系有相应的心理模型，认为在特定的位置应该提供与位置相关的信息。例如，一般情况下，智能家居系统应该在厨房提供食谱和饮食健康相关的信息，而不是在其他地方提供此类信息服务。

4.3.4　时间-服务匹配（TSF）

时间-服务匹配关系用于度量系统提供服务的时间节点是否符合当时的用户需求。在特定的时间节点，用户因为个人行为习惯或日程安排有不同的需求，如果系统提供服务的时间点与用户习惯或早已确定的日程安排有冲突，无疑会降低系统服务的价值，还会造成系统资源的浪费。例如，有慢性病的老年人应该在特定的时间点按时服药，系统就该相应地在用户设定的时间点处提醒老年人服药，实现时间节点与提醒服务的匹配。

第 2 章在交互情境的定义中给出了 6 类情境信息：交互主体（人和系

统）的特征和交互能力、时间因素、环境因素、社会因素以及空间因素。此处的 4 项匹配关系中，BSF 中的行为对应的是交互主体的特征；MSF 中的模态对应的是交互主体的交互能力；LSF 中的位置对应空间因素；TSF 中的时间节点对应时间因素。在 CPS 运行时，环境因素更多地影响可用的信息传输通道，可以认为 MSF 覆盖了对这一因素的考虑；社会因素产生的影响更多地体现在用户行为上，可以认为 BSF 覆盖了对这一因素的考虑。

4.4 SSF 与 TTF、UTAUT 的比较

笔者针对 CPS 功能定义问题，基于传统的 TTF 理论，提出了 SSF 模型，用于辅助定义 CPS 的系统功能，并结合 TAM 对功能定义方案进行评估。与 TTF 和 UTAUT 相比，SSF 更符合 CPS 的功能定义问题，对三者的对比见表 4-1。

表 4-1　SSF、TTF、UTAUT 的比较

模型 / 对比项	SSF（情景-服务匹配）	TTF（任务-技术匹配）	UTAUT（技术接受与使用）
目标	度量 CPS 主动式服务与系统情境、用户需求的匹配程度	度量用户所使用的技术对所要完成任务的有效程度	度量技术帮助用户完成任务的有效程度、使用难度、其他社会影响等因素对用户是否接受并使用技术的影响程度
评估指标	行为-服务匹配 模态-服务匹配 位置-服务匹配 时间-服务匹配	任务特征 技术特征 个体特征	绩效期望 努力期望 社会影响 便利条件
应用对象	基于高度发达的信息技术，能主动向用户提供信息服务的 CPS	用户基于任务目标需主动使用的信息技术	用户基于任务目标需主动使用的信息技术

CPS 基于普适计算和多通道人机交互技术，可以实现在任何地方、任何时间提供信息服务，这与传统的用户基于特定任务目标，主动使用技术完成任务有很大的区别。因此，在定义 CPS 的功能时，需要度量系统提供的服务和所处的空间位置是否匹配，提供服务的时间节点是否合适，与用户的行为习惯是否匹配，信息传达的模态是否符合用户的认知特点，这些是决定用户是否能接受

进而使用 CPS 所提供服务的关键。

TTF 中的任务特征指用户需要利用信息技术完成的任务，通过完成任务满足用户自身的一些需求，如利用计算机文字处理软件（信息技术）撰写文章（任务），从而记录下一些信息（目标）。UTAUT 中的绩效期望指用户希望所采用技术有助于完成任务的程度。TTF 与 UTAUT 的前提都是用户基于特定的任务和目标使用某一项技术，进而通过观测这项技术的特征、使用难易程度来度量用户是否愿意使用该项技术。在 CPS 中，系统基于情境感知判断用户是否有潜在需求，从而自动提供信息服务。例如，智能浴室系统通过读取当前时间以及当地的天气预报信息，在用户清晨洗漱时利用穿衣镜显示时间和天气预报信息。在 CPS 的运行过程中，系统功能的传递更多地体现为主动提供的符合用户认知特征的信息服务，用户无须为此付出太多的学习成本，因此不需要观测技术特征和努力期望等因素。SSF 中的行为、模态和服务的匹配可以认为是 TTF 中用户个体特征、UTAUT 中便利条件等观测点的延伸。

在智能浴室案例研究中，设计人员也普遍认为 SSF 比 TTF 和 UTAUT 能更好地诠释 CPS 的信息服务的适当性问题，进而影响用户对 CPS 功能的接受度。基于用户行为、交互模态、空间位置、时间节点等因素考虑 CPS 的功能定义能产出更为有效的设计方案。基于 TAM/SSF 整合模型的评估方法能有效地找出 CPS 功能设计存在的问题。

4.5　基于 SSF 的 CPS 功能定义方法

在 SSF 的 4 对匹配关系中，BSF 对 SSF 的影响最大，然后依次是 LSF、TSF 和 MSF。用户行为特征是定义系统服务最重要的因素，对系统服务的感知价值影响最大。位置定义的是用户所处的场景，受用户行为习惯和社会因素的影响，用户所处位置代表着一定的功能需求。例如，处于家庭环境中的浴室，根据社会习俗和用户习惯，可以推测用户此刻有沐浴、洗漱或是如厕的需求。时间定义了系统服务出现的时机是否恰当，对系统感知价值影响较小。模态是决定系统服务是否能成功传递到用户的决定性因素，是评价交互行为和交互界面的关键性因素，但对系统功能的感知价值影响不大。

CPS 的系统功能定义指通过行为、空间位置、时间因素及其之间的相互关系确定用户对信息的需求，模态主要用来确定功能的实现方式，可以用作系统功能定义的参考因素。CPS 的功能定义可以描述为

$$F:S_{ervice}=f(S_{ituation},\ I) \tag{4-1}$$

用户行为、位置、时间、模态 4 个要素空间及其之间的相互关系共同构成情景空间，由此：

$$F:S_{ervice}=f(L\overleftrightarrow{\cup}B\overleftrightarrow{\cup}T,I,M) \tag{4-2}$$

用户行为与空间位置的关系可以表示为

$$R_{l-b}:L\rightarrow B \tag{4-3}$$

R_{l-b} 属于多对多关系，值域为 B。一种用户行为可以在多个位置出现，一个位置也可以有多种用户行为。

用户行为与时间因素的关系可以表示为

$$R_{t-b}:T\rightarrow B \tag{4-4}$$

R_{t-b} 属于多对多关系，值域为 B。一种用户行为可以在多个时间点出现，一个时间点也可能出现各种不同行为。

用户行为、空间位置、时间因素的三联关系可以表示为

$$R_{l-b-t}=R_{l-b}\bullet R_{t-b} \tag{4-5}$$

R_{l-b-t} 属于一对一关系，值域为 B。同一空间位置特定时间点只可能出现一种用户行为，即对于$\exists l\in L$，$\exists t\in T$ ，$\exists! b\in B:<l,\ b,\ t>\in R_{l-b-t}$。

系统功能的信息对象 I 通过特定时间、特定空间位置的用户行为定义为

$$I=f(L,B,T),<l,b,t>\in R_{l-b-t} \tag{4-6}$$

信息与交互模态的关系可以表示为

$$R_{i-m}:I\rightarrow M \tag{4-7}$$

R_{i-m} 属于一对多关系，值域为 M。同一信息对象可通过多种形式进行表达，也对应多个交互模态用以接收该信息。

信息需要通过交互界面传递给用户，交互界面 IF 通过交互模态 M 定义：

$$R_{m-if}:M\rightarrow IF \tag{4-8}$$

R_{m-if} 属于一对一关系，值域为 IF。同一交互模态只能对应一种类型的交互界面。

交互界面 IF 需要物理实体 PE 的承载，两者的关系为：

$$R_{if-pe}:IF\rightarrow PE \tag{4-9}$$

R_{if-pe} 属于一对多关系，值域为 PE。同一交互界面可以通过多个物理实体承载。

基于以上描述，CPS 的功能实现要素包括信息对象 I、对应交互模态 M 的

交互界面 *IF*、用以产生信息或支撑信息处理的物理实体 *PE*：

$$F:S_{ervice}=\{I,IF,PE\} \tag{4-10}$$

在开展系统功能定义工作坊时，需要组织人员引导各利益相关者先从系统将要作用的空间位置入手，分析用户在此空间的行为；然后将行为集合 *B* 按时间节点进行划分，定义出 R_{l-b-t}；在此基础之上分析 R_{l-b-t} 对信息对象 I 的需求，并根据 $R_{i\to m}$、 $_{m\ \ if}$ 以及 R_{IF-PE} 定义 *IF* 和 *PE*。设计工作坊的开展流程如图 4-5 所示。

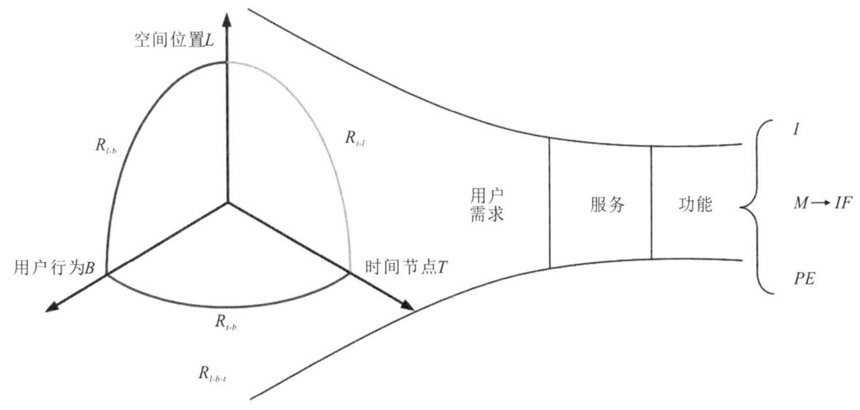

图 4-5　CPS 功能定义工作流程

4.6　设计工作坊

CPS 交互设计工作坊的目的是定义系统功能。如图 4-6 所示，CPS 利用物理实体、信息对象以及软件提供服务，实现其功能。定义系统功能的同时需要定义实现这一功能所需的物理实体、信息对象以及用于管理信息的软件。物理实体的设计工作一般由工业设计师和产品设计师承担，软件设计（区别于软件开发）的工作一般由交互流程设计师和用户界面设计师完成。而这一层级定义信息获取及呈现方式的工作一般会与以上两者有所重叠。当实现系统功能的信息对象通过传感器等硬件获取时，可以将这一工作与物理实体设计工作一起开展（传感器一般都依附于实体产品，成为实体产品的零部件）；当所需的信息对象需要人工（系统维护人员或用户）输入时，可以将这一工作与软件设计工作一起开展（信息需要通过软件输入系统中）。

定义实体产品的工业设计和产品设计的工作方法，以及定义软件产品的交互流程设计和用户界面设计的工作方法已经相对成熟，不再赘述，此处仅讨论系统层级的功能定义方法。

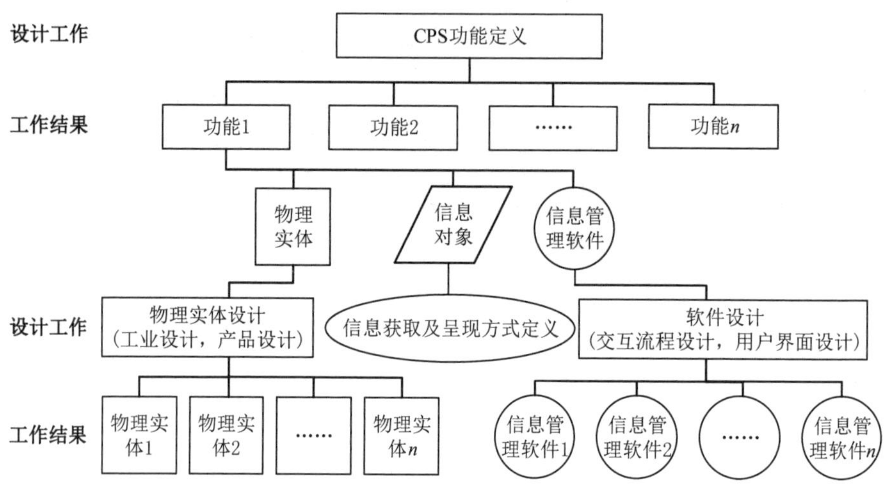

图 4-6　CPS 交互设计的工作范围

4.6.1　准备工作

1. 常规道具

（1）便利贴：所有设计工作坊必备工具，每个参与者在开展讨论的过程中可以随时将自己的想法记录在便利贴上，以便后期归类、讨论。根据工作坊的时间长短准备便利贴的数量，如果是持续一天时间的工作坊，每个组至少准备 6 种不同颜色的便利贴各两包。用于记录想法的便利贴尺寸不宜太小，以常见的 76 mm×76 mm 规格或更大为宜。另外，可以为不同的组分配不同颜色的便利贴，也可以根据讨论所得结果不同使用不同颜色的便利贴进行记录，如用粉红色便利贴记录新概念，用蓝色便利贴记录新发现的问题，用黄色便利贴记录有争议的内容等。

（2）大尺寸白纸：以 A0 或 60 cm×90 cm 规格为宜，为每个设计工作坊的讨论小组准备至少 10 张。在工作坊过程中将其贴到墙面上，以便工作坊参与者将自己写有设计概念的便利贴贴在一起，方便讨论。如果在开放式的空间内讨论，也可以将白纸贴在白板上，或直接将便利贴贴在白板上。

（3）A4 纸：为每个小组准备一些 A4 规格的纸张。当参与者觉得仅仅在便利贴上写文字不足以表达自己的想法时，可以在 A4 纸上绘制一些草图，辅助表达自己的想法。这种情况下需要把便利贴贴在 A4 纸上，然后一起贴在大

尺寸白纸或白板上进行讨论。

（4）记号笔：用于记录想法。最好准备有不同粗细笔头的两用记号笔，较粗的一头用来书写便利贴，较细的一头可以用来做笔记。为每个参与者至少准备一支记号笔，在工作坊结束后也可以回收利用。与便利贴一样，准备多种颜色的记号笔，可以通过记号笔的颜色来区分组别或是书写的内容。

（5）胶带纸、双面胶、大头针、白板磁性固定贴：一般来说，根据大尺寸白纸所要固定的附着物选择一种就可以了。如果使用白板，那么可以选择使用磁性固定贴，但白板尺寸有限（市面上常见白板最大尺寸为 100 cm×200 cm），无法提供较为开阔的场地供参与者讨论。所以，把写好概念的便利贴贴在较为开阔的墙面上，胶带纸比较方便清理，双面胶可能会留下一些痕迹，如果是软装墙面，可以选择用大头针固定。

（6）不干胶圆点贴：用来在讨论、投票环节给所有备选概念进行投票。可以准备不同颜色的圆点贴，用以区分不同类型的备选概念。

2. 参与人员

为了保证 CPS 功能定义工作坊所产出结果的合理性和可执行性，设计工作坊的参与者应该具有多学科背景，且具有不同的身份，一般来说，应该包括潜在用户、设计师（覆盖系统架构设计师、工业设计师、用户体验设计师、交互设计师等角色）、市场营销人员、软硬件开发人员、加工制造工程师、行业技术专家、企业不同层级的管理人员等。在工作坊开展过程中，尽量让每个讨论小组覆盖更多身份类型的参与者。如果实在难以协调很多不同身份的参与者，应至少保证设计师、潜在用户、市场营销这 3 类不同身份的参与者。每个讨论小组以 5 ～ 6 人为宜，太少无法兼容到更多身份的参与者，太多则不容易协调每个人的发言机会。

3. 实施场地

根据参与工作坊人数的多少，可以选择适当大小的场地。开放式讨论空间可以让参与者尽量放松精神状态，有助于激发设计概念。为每个讨论小组准备足够大小、可移动的桌椅，保证各小组之间有一定的距离，不至于在讨论的过程中相互影响，有条件的话可以用屏风隔开。

4. 头脑风暴工具

根据第 4.1 节对情景和情境的讨论，CPS 的具体交互情景可以说是各情境要素的随机离散状态组合。基于情景-服务匹配模型，为了定义系统需要提供的服务，需要为设计工作坊制作能够模拟这种随机离散状态的道具，进而激发工作坊参与人员的思维，产出更多设计概念。根据第 2.3 节情境要素的分类制作情境卡片，并尽可能充分地模拟其可能的状态。以智慧家庭系统的功能设计为例，分别制作用户角色、用户典型活动、空间位置、时间 4 类情境卡片。

图 4-7 所示为用户角色卡片。用户角色（persona，也有学者将其翻译为用户模型、角色模型、人物模型等）是产品用户群体的代表原型，基于对相关产品现有用户的调查研究资料总结得来。较为完整的用户角色应该包括年龄、性别、工作类型、家庭组成、日常生活习惯、价值观等与产品使用相关的信息。Alan Cooper 在其著作 *About Face：the Essentials of Interaction Design* 中详细介绍了用户角色的建立方法，此处不再讨论。

图 4-7　用户角色卡片

根据家庭生活中可能存在的用户类型，分别定义幼儿、男学生、女学生、男青年、女青年、男中年、女中年、男老年、女老年 9 种用户角色。需要说明的是，在实际开展工作坊的过程中，根据所要面向的家庭类型，可以从中选择部分卡片开展头脑风暴激发设计创意。假如要针对三口之家提出设计创意，那么可以选择使用“男中年、女中年、男 / 女学生”或“男青年、女青年、幼儿”等卡片。

图 4-8 所示为用户典型活动卡片。将家庭生活中的各类日常活动总结分类之后，制作出“健康医疗、交通出行、教育学习、穿衣美容、饮食养生、商务工作、休闲娱乐、洗浴清洁”共计 8 张卡片。同上，假如某次设计工作坊有明确的系统设计目标，则仅选择与之相关的活动卡片开展头脑风暴活动。例如，

某浴室用品厂商仅关注于浴室内产品的设计概念，则可以选择健康医疗、穿衣美容、洗浴清洁 3 张卡片开展设计工作坊。

图 4-8　用户典型活动卡片

图 4-9 所示为空间位置卡片。将家庭环境内的空间按照常见功能分区进行划分之后，制作“餐厅、卧室、客厅、书房、厨房、浴室”6 张卡片。根据传统观念，这种对空间的定义方式反映了用户对空间利用的功能需求。因为需要做饭，所以要在家庭环境内规划出厨房空间；因为要有地方睡觉，所以规划出卧室空间。但现实中，用户不仅仅在所定义的物理空间中只做相应的事情。例如，卧室除了睡觉，也可以学习；客厅除了会客、娱乐，也可以开展学习、吃饭、睡觉等其他活动。这些超出某一空间传统定义的使用方式之外的用户活动潜藏着许多设计机会。在设计工作坊中，也可以根据设计目标，只选择其中一部分卡片开展头脑风暴活动。

图 4-10 所示为时间卡片。笔者把一天 24 小时平均划分为 8 个时间段，每 3 个小时制作一张卡片。在实际开展设计工作坊时，可以根据设计目标选择其中一部分卡片使用，或是重新规划每张卡片的时间粒度，如每个小时制作一张卡片，甚至是每半个小时制作一张卡片。

通过以上 4 种卡片的任意组合，设计工作坊参与者可以描述出特定生活情景，即特定用户角色在某一时刻、某一空间环境内开展某种活动。对用户角色更加细致的描述可以在工作坊参与者大脑中激发出用户特定的需求。而要提出新的系统设计概念，需要从智能化的角度赋予系统更加强大的功能，这也是传统人工系统向 CPS 转变的大势所趋。

图 4-9　空间位置卡片

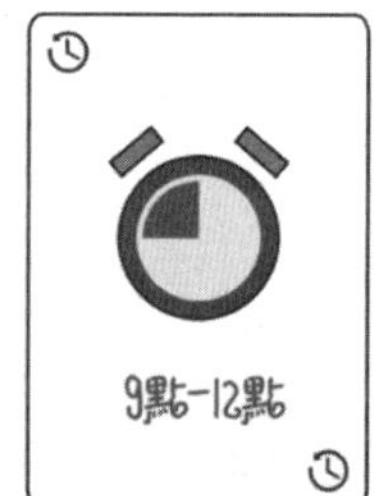

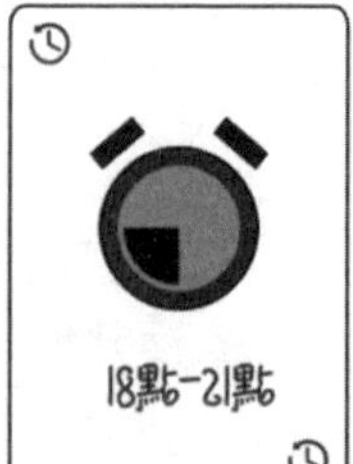

图 4-10　时间卡片

基于对“智能化”的理解，笔者提出如图 4-11 所示的“自动化、个性化、服务化、网络化、数字化”5 种实现传统人工系统“智能化”转变的方式。

图 4-11　创意激发卡片

自动化指人工系统能根据某种预先设定好的方式运行，向用户提供某种功能，其中涉及简单的条件判断。例如，在用户设定好选项，启动之后，全自动洗衣机可以按照系统设计人员预先设定好的程序和参数清洗衣物，但如果洗衣机检测不到水流，则并不启动洗衣流程。

个性化是人工系统智能化的一种典型表现，即系统能“认出”用户身份，进而做出具有针对性的反馈。这要求人工系统在运行过程记录并分析使用历史记录，总结出用户的使用习惯和偏好，在之后的运行过程中以符合用户习惯和偏好的方式提供系统功能。如果是多人使用的系统，还需要每个用户在系统内有独立的账号。

服务化指将人工系统原有的功能变成一种由相应机构提供的服务，其中更多地涉及商业模式的变革。系统功能服务化会改变人与系统的交互关系，原本最终用户和人工系统之间的交互关系可能会转移到由专门的服务人员与人工系统发生关系。例如，用户清洁衣物的需求，可以通过自己购买洗衣机，使用洗衣机得到满足，设计师也可以提出全新的由第三方专业机构提供洗衣服务的商业模式来满足这一用户需求。当然，根据服务细节的方案不同，洗衣服务也可以有很多种细分类型，如上门取件，清洗完成后送回；在用户聚集区提供短时或长时的洗衣机租赁服务；到用户家中提供洗衣服务等。

网络化更多的是解决“信息孤岛”问题，使得原本独立、分散的人工系统

能够进入网络，变成物联网系统，这样可以为“个性化”和“服务化”提供支撑。传统的人工系统，特别是仅以物理实体形式呈现的系统网络化之后可以实现远程控制、系统资源共享和动态调用，提高设备利用效率。共享单车、共享雨伞、共享汽车等“共享经济”模式最为重要的支撑技术之一就是传统设备的网络化。给自行车安装上定位系统，赋予其联网能力之后，就可以在互联网上看到其位置和是否可用的状态，实现自行车的共享，提高设备利用率。

数字化是网络化的基础，此处指将人工系统运行过程中产生的信息转化成可以输入计算机系统，对其执行运算的数字化形式。带有信息处理单元的嵌入式系统或自动化系统就是传统人工系统数字化的一种体现。通过数字化，系统状态和运行参数可以更为精确地呈现和控制，有利于提升系统运行效率。

4.6.2 实施过程

1. 组织规则

利用情境卡片和创意激发卡片开展头脑风暴，激发创意的总体目标是尽可能探索所有情景下的用户需求，进而以智能化为设计目标，提出新的人工系统设计概念。总体组织规则是：根据设计目标，确定工作坊所要使用的卡片，选好所有卡片之后，为每个小组准备一套。从参与成员中抽取一人作为主持（最好是熟悉流程的设计师），组织整个过程中的卡片抽取顺序和每个参与者的叙事。每一轮按照一定的顺序抽取卡片，展开叙事，每个人描述的叙事需要有一定的逻辑和合理性。在此过程中，所有成员均可记录下自己认为有价值的叙事。每半个小时休息 5 分钟。整个组织过程中有两轮叙事，第一轮为定义情景的叙事，目的是帮助参与者探索可能出现的交互情景以及潜在可以解决的问题。第二轮叙事要求参与者抽取创意激发卡片之后提出新设计概念，并通过叙事的方式描述新概念在情景中的具体应用。

根据抽取卡片的顺序和数量不同，组织过程又可细分为常规叙事、统一角色叙事、统一活动叙事、统一空间位置叙事等形式，而每种形式又有其扩展形式，共计 8 种组织形式可供选择。组织者可以根据具体工作目标、参与者数量、可用时间等因素选择其中的一种或几种方式开展设计工作坊。

（1）常规叙事：每人任意抽取“用户角色”“空间位置”“活动任务”“时间”卡片各一张，按照从左到右的顺序放在桌面上，进行第一轮叙事，之后每人再任意抽取一张“创意激发”卡片，进行新的叙事。这种方式用来探索最为常见的情景，每个参与者可以自由发挥，其他人也可以进行补充。

（2）常规叙事扩展形式：由主持人任意抽取“用户角色”“空间位置”“活动任务”“时间”卡片一张，按照从左到右的顺序放在桌面上，进行第一轮叙事，每位参与者补充细节，之后每人再任意抽取一张“创意激发”卡片，进行新的叙事。这种方式由小组主持人固定抽取相应的卡片，小组成员充分进行讨论，可以激发出更多细节问题和相应的解决方案。

（3）统一角色叙事：任意抽取一张“用户角色”卡片作为公共卡片，每人依次各抽取一张“活动任务”“空间位置”“时间”卡片，进行叙事；之后，每人抽取一张“创意激发”卡片，进行新的叙事。这种方式探索同一角色在不同的空间、时间展开不同活动时的需求，促使参与者围绕某一特定角色展开较为深入的讨论。

（4）统一角色叙事扩展形式：任意抽取一张“用户角色”卡片作为公共卡片，每人依次各抽取一张“活动任务”“空间位置”“时间”卡片，进行叙事；之后，每人抽取一张“创意激发”卡片，进行新的叙事；最后，每两人、三人、四人组合，进行连续叙事，需注意叙事的连贯性和合理性。这一扩展形式探索某一特定角色随时间变化在不同空间展开不同活动的连续性情景，促使参与者讨论用户角色在连续行为下的需求，

（5）统一活动叙事：任意抽取一张“活动任务”卡片作为公共卡片，每人依次抽取一张“用户角色”“空间位置”“时间”卡片，进行叙事；之后，每人抽取一张“创意激发”卡片，进行新的叙事。这种形式聚焦于“活动”本身的需求，进而探索不同用户角色在不同的空间位置、不同的时间节点完成同一活动时的具体需求和解决方案。

（6）统一活动叙事扩展形式：任意抽取一张“活动任务”卡片作为公共卡片，每人依次抽取一张“用户角色”“空间位置”“时间”卡片，进行叙事；之后，每人抽取一张“创意激发”卡片，进行新的叙事；最后，每两人、三人、四人组合，进行多角色协作活动叙事，在此过程中，“空间位置”和“时间”卡片可以分别只选择已抽出的某一张，注意叙事的逻辑性和合理性。这一扩展形式在其基本形式之上加入了多个角色的协作叙事，促使参与者讨论多人协作完成某一活动时的需求和相应的智能化解决方案。

（7）统一空间位置叙事：任意抽取一张“空间位置”卡片作为公共卡片，每人依次抽取一张“用户角色”“活动任务”“时间”卡片，进行叙事；之后，每人抽取一张“创意激发”卡片，进行新的叙事。这种形式聚焦于空间的功能和利用，促使参与者探索同一空间位置为不同用户角色、行为活动的支撑

作用以及创新性解决方案。

（8）统一空间位置叙事扩展形式：任意抽取一张“空间位置”卡片作为公共卡片，每人依次抽取一张“用户角色”“活动任务”“时间”卡片，进行叙事；之后，每人抽取一张“创意激发”卡片，进行新的叙事；最后，每两人、三人、四人组合，进行共享空间叙事，在此过程中，“时间”卡片可以只选择已抽出的某一张，注意叙事的逻辑性和合理性。这种扩展形式在其基本形式之上加入了对多用户角色共用某一空间位置的情景的探索，促使参与者考虑同一空间内不同用户角色开展不同活动时的潜在需求和相应的解决方案。

在利用情景卡片和创意激发卡片开展头脑风暴的过程中，如抽取的卡片与已有卡片组合后得不到合理的情景，无法找出合理的叙事，可以重新抽取卡片。每一种形式的叙事完成之后，可以重新对所有卡片进行随机排序，然后重新抽取卡片，开展新一轮的头脑风暴。

2. 设计创意记录表格

在组织设计工作坊的过程中，参与者都是在短时间内将所想到的设计概念记录在便利贴上，对概念的描述并不是很完善，不利于头脑风暴后的集体讨论和快速评估。笔者提出表 4-2 所示的设计概念叙事表，用以在头脑风暴过后整理、完善参与者所提出的设计概念。

表中前 4 列是交互情景，参与者根据头脑风暴活动所抽取的卡片，填写相应的内容。“时间”列除了可以填写具体时间（如下午 2 点），也可以填写相对时间，如某事件之前 / 后多长时间或某事件发生时等。“空间位置”根据所提出设计概念的交互行为发生的位置和场所填写，如没有特定局限，则可以写“任意”。“用户角色”根据所提出概念对应的用户角色填写名称、性别、年龄、职业、家庭成员状况等基本信息。“用户行为”指系统与人的交互行为发生时用户正在开展的行为和活动，如没有特殊要求，可以写“任意”。第 5 列“主要产品”是参与者所提出的新产品概念，可以是实体产品、软件产品，也可以是两者兼有的系统。第 6 列“系统行为”则需要参与者尽可能描述出系统与用户的交互过程。第 7 列“信息对象”指系统与用户交互过程中所涉及的信息和内容。第 8 列“系统价值”则需要给出提出的新概念对于特定用户角色产生的价值，这一列决定着所提出的概念是否会被选择，进入后续详细设计阶段。

表 4-2　设计概念叙事表示例

设计概念叙事表							
时间	空间位置	用户角色	用户行为	主要产品	系统行为	信息对象	系统价值
衣物洗涤完成后半个小时	任意	Alina，女，32 岁，白领，单身	任意	智能洗衣机，手机	洗衣机完成衣物洗涤后半小时，判断衣物是否被取出，如没有，则向用户手机发送提示信息	衣物洗涤是否完成？ 衣物是否仍存留在洗衣机内？ 用户身份判定	提醒用户及时晾晒衣物
Alina 从手机接收到智能洗衣机发送的提示："衣物已洗涤完毕，请及时晾晒。"							

表 4-2 所示仅为常规设计概念的叙事，涉及同一角色的连续活动叙事、同一空间的多角色叙事、同一活动的多角色协作叙事等设计概念，需要填写多个叙事表格联合起来描述设计概念。

4.6.3　结果发布与讨论

当参与者整理完成所有提出的设计概念之后，就可以进入投票筛选环节。为了更好地展示和说明所提出的概念，参与者可以为每个设计概念配上简单的草图。对于实体产品概念，绘制简单的轮廓图和关键交互部件，如图 4-12 所示；对于软件产品，绘制关键页面的线框图，如图 4-13 所示。如果时间和经费允许，还可以制作如图 4-14 所示的实体产品泡沫模型，有屏幕界面的，将界面的线框图贴在相应的位置。如果要突出场景和交互过程，还可以制作如图 4-15 所示的乐高场景模型。

每个小组利用各种草图和模型介绍完所提出的概念之后，进入投票环节。把所有设计概念的草图和叙事表贴在足够大的墙面上，方便所有投票人对比浏览。根据工作目标，为每个参与者或小组发放同等数量的不干胶圆点贴，让他们投出自己认为值得进入下一步详细设计阶段的概念。所有人投出自己的票之后，根据票数统计结果选择设计概念，进入详细设计阶段。

图 4-12　实体产品概念草图

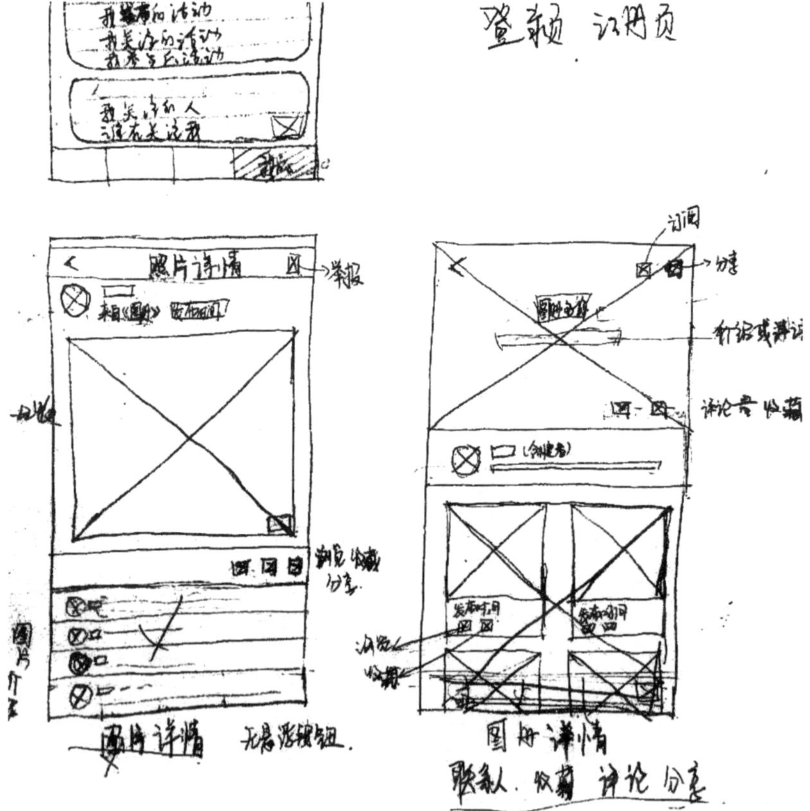

图 4-13　软件产品概念草图

图 4-14　实体产品泡沫模型

图 4-15　乐高场景模型

4.7　基于 TAM/SSF 的设计概念评估

TAM 的 3 个观测指标能有效反映用户对信息技术系统的使用意愿，而 SSF 细分了 CPS 的功能设计依据，把两者整合之后能进一步分析用户对 CPS 系统功能的使用意向以及原因，为 CPS 功能设计的迭代提供参考。

4.7.1　TAM/SSF 整合模型

笔者在对已有关于 TAM/TFF 整合模型的研究成果进行分析之后，用 SSF 替换 TTF，建立 TAM/SSF 整合模型，如图 4-16 所示。由于本研究的目的是度量用户对 CPS 功能设计方案的接受程度，从而指导系统的功能设计工作，并非研究已有 CPS 所提供服务和所采用技术对用户使用行为和效率的影响，因此把“使用意向”作为最终变量。对于信息技术的使用，使用态度并不在感知有用性和对使用意向的影响过程中起完全中介的作用，而且感知有用性和使用态度之间的直接关系也较弱，所以，TAM/SSF 中删除了“使用态度”这一变量。在体验经济时代，消费者更加注重服务所带来的感受[144]。同时，CPS 的普适计算和情境感知能提供比传统信息服务系统更加符合用户个性化需求，且无处不在的服务，从而实现用户的愉悦体验。基于此，在 TAM 原有的使用态度、使用意向评估指标之外，新加入了感知愉悦性（perceived enjoyment，PE）指标测量用户的使用意向。这也是第 2 章所提出的 CPS 交互模型的最高层级，是系统设计的最终目标。

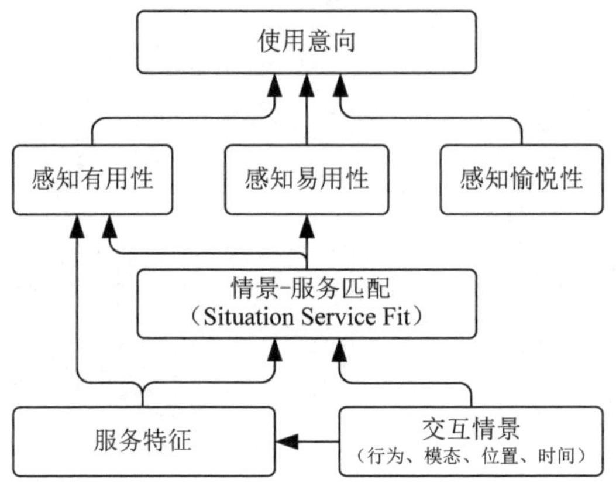

图 4-16　TAM/SSF 整合模型

在 TAM/SSF 整合模型中，服务特征对应的是传统 TTF 中的任务特征。在传统的信息系统中，用户利用信息技术，加上个体的操作行为，将输入转化为输出所需要采取的行动称为任务，具体而言就是指那些借助于信息技术完成的行动，那么任务特征就是指人对信息技术某些方面的依赖程度的描述。例如，如果想更好地回答大量关于企业管理的问题，用户可能就十分依赖于通过相关信息管理系统的查询功能，在有关企业管理知识的数据库中进行搜索。TAM/SSF 整合模型中的服务是指 CPS 利用信息技术，通过对情境信息的推理制定决策，进而与用户进行信息交互，输出特定系统功能的行为。服务特征指的是特定系统功能对情境信息的依赖程度。在一些针对广泛用户群体的 CPS 服务中，系统提供服务所需的情境信息较少，且实现服务的推理过程简单，或者仅仅通过信号和系统反馈的映射过程就可以提供服务。例如，只有 ATM 机的银行自助服务营业厅的门禁系统，只要用户刷相应的银行卡就可以打开门。这一服务并不具针对性，不需要更加细节的用户身份就可以实现，对情境信息的依赖度较低。

基于前文利用 SSF 定义系统功能的论述，交互情景对系统的服务特征有决定作用。系统服务特征除了和交互情景共同影响 SSF，还影响系统的感知有用性。SSF 影响感知有用性和感知易用性，这由系统服务特征与用户交互能力的匹配程度决定。感知愉悦性由用户试用之后的生理和心理感受决定，受到系统运行效率、用户审美倾向、系统界面宜人性等因素的影响。感知有用性、感知易用性和感知愉悦性综合影响使用意向，其中感知有用性的影响最大，其次是感知易用性和感知愉悦性。

4.7.2　基于 TAM/SSF 的评估方法

在对 CPS 功能定义方案进行评估时，可以参考 TAM/SSF 整合模型，利用 Likert 量表测量被试对所有 SSF 的 4 项匹配指标以及 TAM 的 3 项观测指标的态度，从所有评估指标横向观测和分析系统功能定义的合理性。也可以针对所有系统功能设计概念，利用各级指标综合评估各功能的总体用户使用意愿，然后择优进行详细设计。

定义 CPS 系统功能 F_{CPS} 为所有功能的集合：

$$F_{\mathrm{CPS}}=\{f_1,\ f_2,\ f_3,\ \ldots,f_n\} \tag{4-11}$$

将感知愉悦性（PE）指标细分为 4 个子指标：①系统功能体验的愉悦性；②对系统功能价值的正向肯定；③对系统功能实现方式的正向肯定；④对系统功能设计概念的正向肯定。功能 f_i 的评价指标 PE 为

$$f_i^{\mathrm{PE}}=\{f_i^{\mathrm{PE1}},\ f_i^{\mathrm{PE2}},\ f_i^{\mathrm{PE3}},f_i^{\mathrm{PE4}}\} \tag{4-12}$$

将感知有用性（PU）指标细分为 4 个子指标：①系统功能的辅助作用；②系统功能对工作效率的提升作用；③系统功能对用户整体任务表现的正向影响；④系统功能的总体感知有效性。功能 f_i 的评价指标为

$$f^{\mathrm{PU}}=\{f_i^{\mathrm{PU1}},\ f_i^{\mathrm{PU2}},\ f_i^{\mathrm{PU3}},f_i^{\mathrm{PU4}}\} \tag{4-13}$$

将感知易用性（PEU）指标细分为 4 个子指标：①系统功能使用难易度；②系统功能使用方法的易于理解程度；③系统功能学习的难易度；④系统功能熟练掌握的难易度。功能 f_i 的评价指标 PEU 为

$$f_i^{\mathrm{PEU}}=\{f_i^{\mathrm{PEU1}},\ f_i^{\mathrm{PEU2}},\ f_i^{\mathrm{PEU3}},f_i^{\mathrm{PEU4}}\} \tag{4-14}$$

使用意向 f_i^{IU} 是用户基于以上 3 个指标做出的意愿决策，不再进行细分。

根据 SSF 模型评价指标将 SSF 细分为 BSF、LSF、TSF 和 MSF 这 4 个子指标。

$$f_i^{\mathrm{SSF}}=\{f_i^{\mathrm{BSF}},\ f_i^{\mathrm{LSF}},\ f_i^{\mathrm{TSF}},f_i^{\mathrm{MSF}}\} \tag{4-15}$$

设计早期阶段的系统功能定义评估的目的是筛选出相对较优的概念进行详细设计，所以不需要十分精确的评估方法，只要能找出各功能设计概念的相对优劣势即可。利用灰色关联度法确定以上各评价指标的权重系数。灰色关联度法是一种基于灰度理论针对主观评估结果进行分析与计算的方法，可以弥补专家在分析各指标权重时由于各种因素所造成的判断不准确的缺陷。其主要步骤如下[145]：

（1）邀请专家进行指标权重的评估。假设有 N 个专家对 M 个指标进行评估，评估结果的数据矩阵为

$$X_1=\begin{bmatrix} X_{11} & X_{12} & \cdots & X_{1m} \\ X_{21} & X_{22} & \cdots & X_{2m} \\ \vdots & \vdots & \cdots & \vdots \\ X_{n1} & X_{n2} & \cdots & X_{nm} \end{bmatrix} \tag{4-16}$$

（2）从数据矩阵中各列寻找最大的元素，组成参考数列 $X_0=(x^1{}_{\max}, x^2{}_{\max}, \cdots, x^m{}_{\max})$。

（3）计算各原始数列与参考数列的关联系数与关联度。关联系数为

$$\mu_i=\frac{\min\limits_i \min\limits_k |x_0(k)-x_i(k)|+Q\cdot\max\limits_i \max\limits_k |x_0(k)-x_i(k)|}{|x_0(k)-x_i(k)|+Q\cdot\max\limits_i \max\limits_k |x_0(k)-x_i(k)|} \tag{4-17}$$

式中，Q 为分辨系数，一般取值 0.5。

关联度为

$$C_i=\frac{1}{n}\mathop{E}_{k=1}^{n}\mu_i(k) \tag{4-18}$$

关联度的大小反映了各个指标相对于参考序列的重要程度，因此关联度即可作为各个指标的权重值。

由此，以上各评价指标可以计算为各子评价目标与权重系数乘积之后的总和。以 PE 指标为例：

$$f_i^{\mathrm{PE}}=f_i^{\mathrm{PE1}}\times C_i^{\mathrm{PE1}}+f_i^{\mathrm{PE2}}\times C_i^{\mathrm{PE2}}+f_i^{\mathrm{PE3}}\times C_i^{\mathrm{PE3}}+f_i^{\mathrm{PE4}}\times C_i^{\mathrm{PE4}} \tag{4-19}$$

在实际的评估过程中，把 SSF 对 PU 和 PEU 的影响作为直接影响 IU 的因素整合进评价指标树进行考虑。功能 f_i 的总体使用意向 f_i^{IU} 可计算为

$$f_i^{\mathrm{IU}}=f_i^{\mathrm{PE}}\times C_i^{\mathrm{PE}}+f_i^{\mathrm{PU}}\times C_i^{\mathrm{PEU}}+f_i^{\mathrm{PEU}}\times C_i^{\mathrm{PEU}}+f_i^{\mathrm{SSF}}\times C_i^{\mathrm{SSF}} \tag{4-20}$$

4.8 验证实例

利用智能浴室案例的功能设计说明 TAM/SSF 整合模型的应用方法，筛选出交互情景和相应的服务之后，通过实验验证 TAM/SSF 的有效性。

4.8.1 案例：智能浴室

CPS 可以应用到人类日常生活的各个方面，如在线教育、智能家居、健康监控、辅助医疗等[146]。智能家居系统通过各种带有传感器的设施和产品采集

数据，经过情境推理之后启动系统，提供服务，整个过程可以独立于人类活动运行。文献 [147] 指出了智能家居系统所应具备的四项基本功能：①家居建筑环境自动化；②通信和社交；③休闲娱乐；④工作与学习。本研究开发的案例聚焦于功能②③。

智能浴室属于智能家居服务系统的一部分。基于对用户在浴室内行为的调查研究，文献 [148] 提出了 CPS 在浴室环境中的 3 个主要应用方面：信息娱乐、健康护理和美容护理。根据对用户使用浴室空间的行为的调查显示，浴室的功能已经从单一的个人健康保健转向了护理和休闲空间。越来越多的按摩浴缸也印证了这一发展趋势，浴室的空间越来越大，更多差异化的产品和电子设备逐渐出现在这一环境中，以实现更加智能化、体验更好的功能。把 CPS 应用于智能浴室的目的在于让用户在不需要任何显性操作的前提下实现信息获取、交流沟通、娱乐等功能。

通过产品设计师、开发工程师、用户、产品销售人员等利益相关者共计 78 人参与的工作坊，选出 12 个交互情景。对所有选出的情景进行标准化的描述后，设计系统功能，利用 7 等级 Likert 量表 [116] 测量用户对每一项服务功能的使用意向（IU），并根据结果对服务进行排序，选择用户使用意向较高的服务在系统原型中实现，结果见表 4-3。

表 4-3　智能浴室功能使用意向调查结果

排序	情景	服务		使用意向（IU）	
		编号	名称	均值	标准差
1	1	4	天气预报	6.32	0.85
2		1	事件推送	5.71	1.49
3		5	票务预订	5.23	1.85
4	6	2	个性化音乐播放	4.68	1.72
5		6	个性化新闻推送	4.20	1.86
6	11	3	适应用户行为的新闻播放	3.85	1.75

4.8.2　实验方法

在实验中，采用 TAM/SSF 整合模型对智能浴室的功能设计方案进行评估。利用感知易用性、感知有用性和使用意向评估交互情景中所提供服务是否合理，利用感知愉悦性指标评估用户对服务的反馈情绪，同时利用 SSF 的 4 个子项评估系统服务设计方案和交互情景的匹配程度。

评估实验共包括以下 4 个步骤：

（1）向被试介绍智能浴室项目，并说明特定的交互情景。

（2）被试基于智能浴室的原型进行各种交互行为的尝试，并学习、了解相关的交互情景，以提高后续评估结果的有效性。

（3）所有被试通过完成调查问卷对交互情景和相关的信息与通信服务进行评估。问卷调查的目的在于得到量化评估数据。一般来说，要允许被试在测试过程中提问。另外，需要相关的技术人员应对各种突发的技术状况。

（4）对评估数据进行整理分析。

通过某浴室设施制造商的消费者信息数据库，得到所要邀请被试人群的联系方式，向他们发送邀请邮件。因为人力和财力的限制，选择前 55 位应征者作为被试，实验结束后向每位参与者发放小礼品。所要评估的 6 项服务的空间布局如图 4-17 所示。

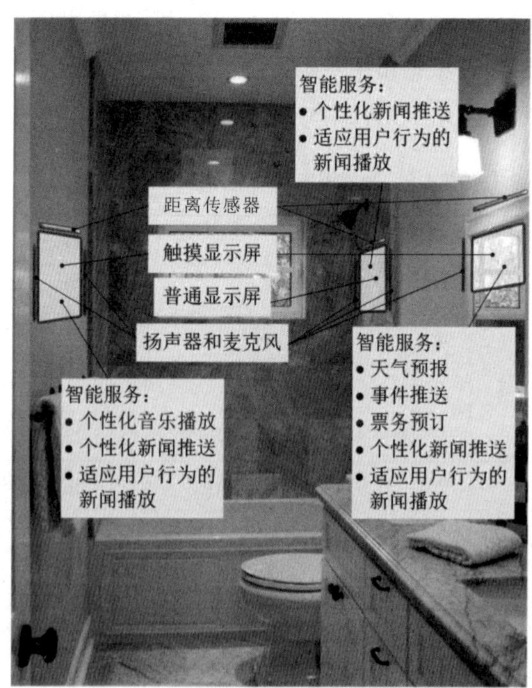

图 4-17　智能浴室的硬件和服务布局

由于各情景对应的服务数量不同（情景 1 包括 3 项服务，情景 11 只有一项

服务），因此针对交互情景进行评估会导致评估所用时间的不同。实验把被试分为两组，分别对 3 项不同的服务进行测试。A 组完成对情景 1 相关 3 项服务的测试，B 组完成情景 6 和情景 11 相关 3 项服务的测试。规定所有被试必须在 30 分钟内完成以上前 3 项测试步骤。表 4-4 给出了实验的分组情况和所要测试服务情景的详细描述。表 4-5 给出了所有服务相关的信息输入和输出方式。

表 4-4　被试分组以及所要评估的情景和服务

分　组	情　景	描　述	相关服务
A 组：（27 人，13 男，14 女，20~24 岁 19 人，25~29 岁 4 人，30~34 岁 4 人）	1	情景 1：周六早晨 8 点钟，在浴室刷牙的时候，Jeffrey 从带有显示器功能的梳妆镜上看到当天当地的天气预报。基于天气信息和 Jeffrey 的日程安排，系统给出了相关的休闲娱乐建议，并询问相关活动意向（如晚上 8 点有新电影《大圣归来》上映，是否要订票？）	天气预报 事件推送 票务预订
B 组：（28 人，12 男，16 女，20 岁以下 1 人，20~24 岁 17 人，25~29 岁 6 人，30~34 岁 4 人）	6，11	情景 6：周六早晨，Jeffrey 的妻子边洗澡边听她喜欢的音乐。她洗完离开之后，Jeffrey 进入浴室 情景 11：智能浴室系统开始基于 Jeffrey 自己的音乐收藏夹，从昨晚中断的地方开始播放音乐。Jeffrey 通过手势关掉音乐，开始洗澡，并浏览当天基于 Jeffrey 的个人偏好推送的新闻。洗完之后，Jeffrey 离开淋浴区域，开始刷牙，新闻信息跟随 Jeffrey 的位置在梳妆镜上的显示器上播放	个性化音乐播放 个性化新闻推送 适应用户行为的新闻播放

在制作调查问卷的过程中，参考 TAM/SSF 模型的指标：感知有用性、感知易用性、感知愉悦性和使用意向评估用户对系统服务的接受程度，并利用 SSF 度量服务与被试行为和交互情景的符合度，包括服务所在的空间位置和采用的交互模态。在发放问卷之前，向所有被试解释每一项服务的具体含义。与之前实验类似，采用 7 等级 Likert 量表，评价值从最同意（1 分）到最不同意（7 分）。根据第 4.5.2 节对各评估指标的细分和描述，制作调查问卷，主要的调查问题参见表 4-6。在实验过程中，首先把要测试的服务填入括号中，然后要求被试根据表中的评价指标描述进行评分，问卷完成后，还要询问用户关于改进服务易用性和增加其他服务的建议。

表 4-5　6 项服务的信息输入和输出方式

序　号	服　务	输　入	输　出
1	天气预报	距离传感器——用户站在镜子前	智能浴室显示器显示当天的天气信息
2	事件推送	距离传感器——用户站在镜子前	智能浴室显示器推送 3 条事件信息
3	票务预订	1. 距离传感器——用户站在镜子前且事件推送信息已显示 2. 系统通过用户的语音输入或触屏操作收到订票请求 3. 麦克风矩阵通过采集用户的语音反馈确定是否订票	扬声器：在步骤 2 之后提出问题“是否要为 **** 订票？”
4	个性化音乐播放	交互行为 1：距离传感器——用户站在墙面显示器之前：开始播放音乐列表 交互行为 2：用户通过触摸显示屏边缘停止音乐播放	用于播放音乐的扬声器和显示当前播放音乐列表的墙面显示器
5	个性化新闻推送	用户通过语音命令启动个性化的新闻推送“智能浴室，今天有哪些新闻？”	位置 A：被试站在梳妆台镜子前，个性化新闻以文本的形式显示，只有镜子上的触摸屏显示信息 位置 B：被试站在墙面显示器前，个性化新闻以视频短片的方式呈现，利用扬声器和墙面显示器呈现内容 位置 C：被试站在淋浴区内，个性化新闻以视频短片的方式呈现，利用淋浴区内的显示屏和扬声器呈现内容
6	适应用户行为的新闻播放	距离传感器——用户站在镜子前、墙面显示器前或淋浴区内	参见上一项服务的输出方式。智能浴室系统基于用户所处的位置，利用最近的设施呈现新闻内容

表 4-6　调查问卷的问题设计

序　号	问卷条目	评分（1～7分）
感知愉悦性（PE）		
1	在浴室中使用（天气预报）服务充满乐趣	
2	我比较赞同在浴室中提供（天气预报）服务	
3	在浴室中使用（天气预报）服务的体验很不错	

续表

序　号	问卷条目	评分(1～7分)
4	在浴室中提供（天气预报）服务的想法非常有趣	
感知有用性（PU）		
1	在浴室中使用（天气预报）服务能帮助我完成更多事情	
2	在浴室中使用（天气预报）服务能提升我做事情的效率	
3	在浴室中使用（天气预报）服务能提升我处理日常事务的整体表现	
4	我发现（天气预报）服务对于浴室来说非常有用	
感知易用性（PEU）		
1	我觉得（天气预报）服务很容易使用	
2	我认为（天气预报）服务的使用方法很明显，容易理解	
3	学习使用（天气预报）服务对我来说比较容易	
4	我认为熟练掌握使用（天气预报）服务对我来说比较容易	
使用意向（IU）		
1	我会在浴室中使用（天气预报）服务	
交互情景、用户行为、交互模态以及空间位置与系统服务的匹配度		
情景-服务匹配	我试用的时候感觉（天气预报）服务和当时的情景很匹配	
行为-服务匹配	（天气预报）服务与我在浴室内的行为很匹配	
模态-服务匹配	（天气预报）服务所采用的交互模态和要传达的内容很匹配	
位置-服务匹配	（天气预报）服务所在的位置和提供的信息内容很匹配	
时间-服务匹配	我觉得（天气预报）服务出现的时间很恰当，符合我的需求	

4.8.3　实验结果与讨论

利用智能浴室原型对 55 名被试进行试验，利用评估方法中的各公式对各评价指标所得值进行计算，所得结果见表 4-7。为了确保针对感知愉悦性、感知有用性和感知易用性 3 个量度所用评价范围的可信度，计算了克隆巴赫 α 系数，计算所得值均在 0.70 以上，说明所有针对 6 项服务所用的评价范围值可信。表 4-7 给出了所有评价指标的均值和标准差。实验还进一步测试了所有测试指标均值相对于中间值 4 的显著性，另外还给出了单样本 t 检验所用的显著性系数。表中数据格式为均值（标准差）；星标与 p 值的对应关系为 *=p < .05，** =p < .01，*** = p < .001。

表 4-7　实验统计结果

评价指标	天气预报服务	事件推送服务	票务预订服务	个性化音乐播放服务	个性化新闻推送服务	适应用户行为的新闻播放服务
	A 组，27 人			B 组，28 人		
使用意向 IU	6.33*** (0.73)	4.67* (1.52)	3.78 (1.74)	6.75*** (0.52)	4.86* (1.78)	5.14** (1.56)
感知愉悦性 PE	5.78*** (0.94)	5.36*** (1.02)	4.87** (1.42)	6.26*** (0.60)	5.63*** (1.06)	6.04*** (0.76)
感知有用性 PU	5.77*** (0.93)	4.77** (1.27)	4.14 (1.41)	5.50*** (1.23)	4.57* (1.46)	4.72* (1.49)
感知易用性 PEU	6.21*** (0.86)	5.81*** (0.85)	5.22*** (1.36)	6.25*** (0.79)	5.55*** (1.17)	6.40*** (0.71)
交互情景、用户行为、交互模态以及空间位置与系统服务的匹配度						
情景-服务匹配 SSF	6.19*** (0.96)	5.52*** (1.01)	5.19*** (1.06)	6.29*** (0.94)	5.64*** (1.31)	5.79*** (1.07)
行为-服务匹配 BSF	6.07*** (1.17)	4.48 (1.76)	3.93 (1.71)	6.54*** (0.79)	4.86** (1.63)	5.11** (1.64)
模态-服务匹配 MSF	5.15*** (1.38)	5.04** (1.40)	4.74** (1.23)	5.25*** (1.53)	5.79*** (1.40)	5.36*** (1.50)
位置-服务匹配 LSF	5.41*** (1.60)	4.85** (1.49)	4.63* (1.52)	5.96*** (0.74)	5.68*** (1.16)	5.96*** (1.04)
时间-服务匹配 LSF	6.17 (1.23)	5.01 (1.51)	4.74 (1.46)	6.03 (1.02)	5.34 (1.52)	5.35 (1.38)

除了以上基于问卷的定量评价结果，实验还收集了被试关于 6 项服务的定性反馈信息，所得结果可分为交互、空间布局、信息表达的质量和部分所需功能缺失四大类。

根据所得的实验结果，第一，被试认为所有的服务都具有较高的感知愉悦性（PE），也就是使用智能浴室所提供的功能能带来一定的愉悦体验。只有票务预订服务相比其他服务在这一方面的得分较低（均值为 4.87，处于 0.01 显著性水平），其原因可能在于，票务预订涉及商业交易，需要理性思维的参与，而其中的理性因素影响了该服务所能带来的愉悦性。

第二，天气预报和个性化音乐播放服务两项的感知有用性（PU）指标最高，其次是事件推送、适应用户行为的新闻播放和个性化新闻推送服务。只有票务预订服务在这一指标上的得分处于显著性水平之下，其原因依然在于，票务预订涉及商业交易行为，在浴室内执行这一行为与传统观念相差较大。

第三，所有 6 项服务在易用性（PEU）指标上的得分均有很高的显著性（$p<0.001$）。适应用户行为的新闻播放服务的易用性得分最高，其原因或许在于该服务采取了隐性的交互方式，用户不需要发出显性的交互指令，如语音、手势操作等，就可以在自己所处的位置享受新闻服务。

第四，被试最愿意在浴室中使用的服务是天气预报服务和个性化音乐播放服务。这一项指标与有用性指标所得结果一致。票务预订服务的使用意向（IU）得分最低，但不是很显著。

第五，关于服务与交互模态、空间布局、浴室情景、用户行为等方面的匹配，所有 6 项服务都取得了较高的分值。只有事件推送和票务预订两项服务与用户在浴室中的行为匹配度不高。其原因可能在于这两项服务与被试清晨起来使用浴室时的行为习惯不相符。最后需要说明的是，实验所邀请被试人群都比较年轻，没有覆盖 35 岁以上人群，这可能会造成实验结果带有一定的局限性。但智能浴室的潜在目标消费人群也正是目前处于 35 岁以下，对信息化技术比较敏感，且容易接受相关服务的人群。

4.9　小　结

本章基于对情境感知技术研究的结果探索了 CPS 中用户与系统的交互行为。研究发现，情景分析是服务于日常生活类 CPS 系统功能设计的一个重要手段。基于对 TAM 和 TTF 的研究，提出了情景-服务匹配模型（SSF），并将其细化为行为、模态、位置以及时间4个因素和服务的匹配关系。同时，介绍了基于SSF展开CPS功能设计的方法以及设计工作坊的开展方法，详细说明了开展设计工作坊所需的准备工作、相关道具、具体实施过程和头脑风暴组织形式以及设计概念的讨论筛选方法；提出了用于评估系统功能设计的TAM/SSF整合模型，说明了评估方法。通过智能浴室案例，说明了所提出功能设计方法的实施过程，利用TAM/SSF整合模型评估了系统服务设计的合理性，并解释了实验结果。

基于交互情景的思考可以贯穿于CPS设计的所有阶段。情景不仅可以作为发现并评估系统需求的有效工具，同时也可以帮助设计团队和利益相关者达成对系统功能设计的共识。所有情景-服务匹配相关的细化指标可以有效地支撑设计决策，可用于在不同设计阶段展开交叉式的评估。后续章节将从情境的角度出发研究CPS交互设计的表达方法。

第 5 章　CPS 交互设计表达模型

CPS 通过主动监控环境和系统中人的状态，综合分析各传感器采集的情境信息，制定系统运行决策，向系统中的人提供特定的服务。系统与人的交互过程是决定系统成功实现功能的决定因素之一。CPS 交互设计概念的表达模型用于解释系统功能和所提供服务的具体实施方案，是设计环节各参与者，如设计师、硬件工程师、软件工程师等人员沟通交流的工具。同时，交互设计概念表达模型中的系统层级关系数据和交互关系数据应该直接导入系统开发的下游环节，衔接系统的硬件开发与软件开发工作。

本章从 CPS 与人的交互行为的全局视角出发，提出了表达人与系统交互行为的叙事模型、图表模型和形式化模型，说明了 3 种模型之间的转化过程，并从图表模型中提取可重用的设计模式，用以描述系统中各要素间的交互行为。同时，通过智能浴室案例验证了所提出 3 种模型的建立方法和转化过程。

5.1　CPS 的设计知识

信息系统的设计过程可以看作设计师利用个人已有的设计知识，针对要解决的具体问题，提出解决方案的过程。在此过程中，设计方案在各阶段的呈现方式可以看作设计知识的不同表现形式。随着设计活动的推进，设计方案从最早的设计师大脑中的概念转化成包括有物理实体和信息处理软件的系统。

5.1.1　设计知识的类型

设计知识是设计活动中设计师大脑中概念的形式化表达。根据知识的可表达性、可交流性和具体可应用性，CPS 开发中的设计知识可分为隐性知识（implicit knowledge）、显性知识（explicit knowledge）和可用于计算的知识（computational knowledge）[149]。

设计知识由设计师个人构思而来，以记忆的形式存在于各种记忆系统，表现为大脑中的图像或想法。这种附属于设计师个体的知识通过认知能力进行

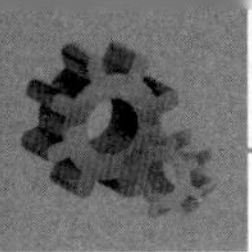

处理，受到情绪和视、听、触等感受能力的影响。一般来说，个体知识无法直接共享。然而，借助于人类自然语言和图形化的表达工具，部分个体知识可以进行详细说明，进而实现设计知识的共享。这些可以表达的部分属于显性知识，而无法表达的部分则无法进行共享，也就是隐性知识[150]。个体设计知识会因为外界设计知识的影响而发生改变，如与其他设计师进行讨论。个体设计知识通常是碎片化的，可在设计过程中进行分解和融合。根据与设计师思维的接近程度，显性设计知识可细分为非形式化设计知识（informal design knowledge）、半形式化设计知识（semi-formal design knowledge）和形式化设计知识（formal design knowledge）。可用于计算的知识指通过设计概念的细化和转化之后，定义系统开发各方面参数和整体系统架构的知识，以机器（特别是计算机）可读取和可处理的方式呈现。因为用于具体的系统开发工作，最接近程序开发人员和软硬件工程师的专业知识，所以设计师对这类知识的认知难度最大。以下主要介绍显性设计知识的 3 种子分类。

1. 非形式化设计知识

非形式化设计知识通过概念建模语言（conceptual modeling language, CML）进行表达，拥有明确的表现形式，但通常不遵从于形式化描述方法的结构[151]。概念建模所用的术语并没有经过完整定义，但能暂时性地帮助设计师理解设计问题。非形式化设计知识可以利用自然语言、绘图、演示或其他非正规符号系统进行表达，能够被设计师所理解。在详细程度方面，非形式化设计知识为特定设计问题提供了较弱边界的粗浅理解，但能够在设计策略层面提供强有力的约束。非形式化设计知识的概念建模语言包括隐喻、信息原型、模拟和其他表现复杂知识的形式。因此，模糊性和容易造成误解是非形式化知识固有的缺陷。

2. 半形式化设计知识

为了解决非形式化设计知识的语义模糊问题，出现了很多概念建模语言如统一建模语言（unified modeling language, UML）。研究人员发现，图形化的概念建模语言在很多软件开发项目中起到了积极的作用。图形化表示方法通常基于图形模型及其各节点间的成对关系进行表现。常见的状态转变图、UML 用例、流程图、建筑平面图、电路图、城市设计规划图等都是图形化 CML 的典型例子。一些图形化 CML 都有形式化基础，设计项目利用半形式化的设计知识，以非正式的方式开展结构化的沟通交流，降低了非形式化设计知识的灵活

性，却没有将其转化为数学化的表现形式。

半形式化设计知识能通过过滤、联合、组织、分析、总结等方式限定非形式化设计知识[152]。实际工作表明，如果能直接与非形式化设计知识相关联，半形式化设计知识更易于分享。这两者之间的关系类似于测量地图和认知地图的路线图，测量地图提供整体概念，而路线地图包括更多细节化、分解化和模块化的表达形式。近年来的研究显示，非形式化概念模型有助于半形式化概念模型的理解[153]。

3. 形式化设计知识

形式化设计知识以数学的表达方式，尽可能精确地展现一个概念模型的含义[154]。所有形式化 CML 的语义表达都可以拥有清晰、毫无争议的含义。例如，第一逻辑语句中的逻辑符号就有明确的含义；而非逻辑符号，如“John”的含义通常用于特定领域，需要得到设计师的一致认同，并且独立于形式化 CML 之外[155]。这意味着，即便设计知识以形式逻辑进行表达，依然需要对非逻辑实体达成共识。在此前提之下，按照逻辑规则形式化的设计知识能为概念模型提供精确的语义。理论上，形式化设计知识能被机器自动处理，但在实际中，只有形式逻辑的一部分能产出有效的解决方案。

形式化设计知识的优点在于其强大的语义，在理论上讲，可以在计算机器上执行。但其明显的缺陷在于，设计师之间很难用它进行沟通，因为要理解形式化的设计知识，必须是形式化 CML 方面的专家。例如，要理解利用一阶逻辑（first order logic，FOL）表现的概念模型，就必须了解 FOL 理论、特定的逻辑表达式及其表达方法和潜在域。

5.1.2　设计知识的转化

设计的概念模型（conceptual model，CM）是设计团队间有目的的思维、语言、肢体等交流的产出物，可用于促进设计团队成员间的交流，其完整性和精确性对设计项目开发成功具有决定性作用[156]。

从知识管理的角度看，设计活动其实就是把设计师大脑中的知识，以及收集到的各种外部知识，基于特定的表达形式转化成各种设计概念表达模型，进而用于开发出各种系统的过程。图 5-1 所示是这一过程的图形化表示。图中，S_1 是设计者提出的系统设计概念，利用自然语言表达其含义，其表现形式遵从于特定语言的语法结构。设计师大脑中的系统概念属于隐性系统，在以显性的形式表达出来之前，无法与他人进行交流，而显性系统则基于设计团体内达成共识的语义进行表达。以设计为导向的显性系统要么通过人类可读的文字进行记载，要么利用机器（特别是计算机）可读的结构和符号进行表达。设计团队通过评估（E）对A进行测试，以审查其在一致性、兼容性、商业模式、功能与技术的匹配等方面的表现，进而利用评估结果改进设计和设计过程的质量。转化（T）表示系统在不同状态间的转化过程，大部分产品开发流程和软件开发流程中都会存在这一现象[157]。发现问题的评估活动会引发出对之前所建立系统状态的反馈（F），反馈信息可能会导致设计活动回到之前环节，重新开始。以下将利用这些概念讨论不同的设计知识类型及其之间的转化关系。

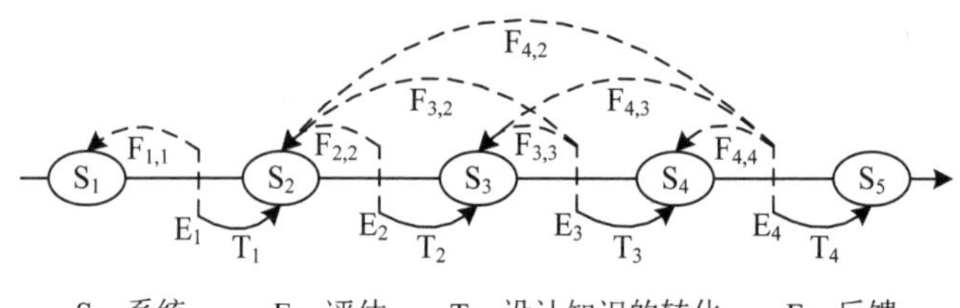

图 5-1　设计知识的转化过程

5.2　CPS 设计概念建模

CPS 的设计团队由来自各种学科背景的成员组成，如具体应用领域的专家，各种各样的目标用户，企业的决策人员，IT 架构师、分析师、开发人员，以及市场营销人员[143]。所有这些成员提出的概念、具备的专业知识，以及对系统开发的期望需要聚集在一起，形成对所开发系统的共同认知。非技术人员希望能建立一个满足商业、社会和人类沟通需求的信息系统，而技术人员则更多地关注于如何利用各种技术实现系统的功能。CPS 交互设计的概念模型是设计团队成员建立共同认知、展开业务讨论的基本工具，可应用于系统的分析、设计和实现阶段。概念模型抽象自技术问题，关注于用户（群）展开交互行为的情景。一般来说，概念模型通过诸如实体关系模型（entity relationship，ER）或 UML 等 CML 来表现。

CPS 的设计过程可以看作不同设计知识及其对应设计模型之间的转化过程。其起点是设计师个人所拥有的隐性设计知识，与之对应的是思维概念模型，随着设计过程的推进，它将逐渐转变为计算机可以读取和执行，结构化非常强的形式化模型。概念模型的转化过程（参见图 5-2）需要其他外界知识的刺

激，如能够提供更多细节和技术知识，用以丰富或限制概念模型的应用领域知识。这一过程通常非常复杂，需要设计团队各成员之间相互协作完成。

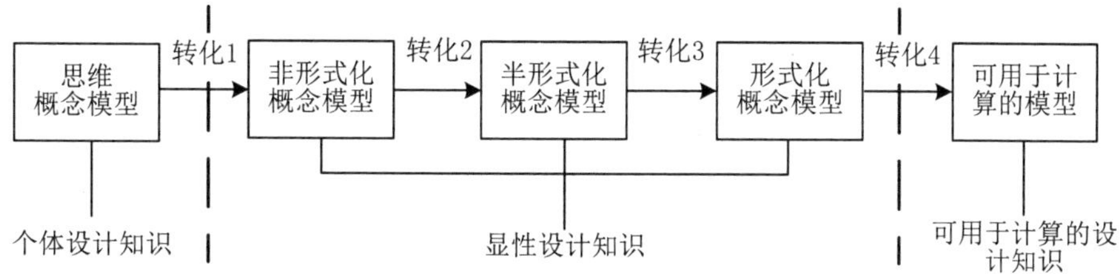

图 5-2　基于设计知识转化的 CPS 设计框架

5.2.1　非形式化概念模型

显性知识可以通过人类的沟通交流进行表达，而隐性知识则无法进行表达，主要存在于人类个体大脑之内。可表达的设计知识可以转化为自然语言、姿势、模拟物、绘画或其他非形式化概念模型。非形式化 CML 表达能力有限，且思维概念模型中不可表达的部分被忽略掉了，因此非形式化概念模型难以理解。转化过程 1 产生的非形式化概念模型是设计概念转化为开发过程可用的计算模型的第一步，它降低了心理概念模型的可理解性，但提升了其可计算性。在此过程中，设计师需要进行大量的思维活动，并与设计团队其他成员进行讨论。一般来说，非形式化概念模型可以通过人类的自然语言进行表达。

5.2.2　半形式化概念模型

对于 CPS 交互设计项目来说，从非形式化概念模型到半形式化概念模型的转变过程是团队协作的关键一步[158]。从非形式化概念模型中提取的关键概念和概念间的相互关系在这一过程中转化为图形化的表达形式。典型的关系类型包括功能关系、时间（流程的表现）关系、空间关系、组织（结构化）关系和本体关系（如 A 属于 B 一大类，A 是 ×××，A 是 B 的一部分等）。

Simons 和 Graham[159] 的研究表明，各种半形式化 CML，如 UML 存在一些问题，如不一致、模糊、能力不足、产生误导作用等，以及 CML 本身的结构或不恰当的使用，最终会导致设计师之间发生误解。因此，半形式化概念模型可能会因为其抽象性、所使用 CML 的缺陷和不恰当的使用而降低设计师大脑中最初概念的可理解性。另外，不断提升的设计需求和不受控的开发范围，各种利益相关者在设计过程中尝试强加入的新想法，都可能会导致不可控的系统开发，转化 2 的目标便是剔除掉这些隐患[160]。

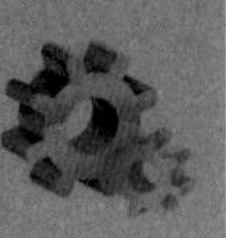

5.2.3 形式化概念模型

半形式化概念模型到形式化概念模型的转变在整个设计框架中占有非常重要的地位，它可用于详细定义和验证早期的设计需求[161]。形式化的转变过程能极大地提升模型的可计算性，同时也提升了设计团队成员的理解难度。

在所有大型 CPS 设计项目中，半形式化概念模型会从设计团队 A（需求和业务工程团队）转移到设计团队 B（系统开发团队）。如果这两个设计团队有较多的合作经验，那么半形式化和非形式化概念模型能很好地被两个团队的成员所理解；如果没有这种共同的理解作为基础，转化 4 将会造成误解，还有可能导致设计需求提升，新功能需求的介入，并最终导致项目失败。

5.3 CPS 的概念模型

建立 CPS 交互设计概念模型的基础是 CPS 的基本概念表达模型[151]。一般来说，CPS 由物理对象系统、社会系统、信息系统、服务系统构成，利用信息技术实现特定功能[162]，如图 5-3 所示，利用这 4 个子系统可以构建 CPS 的概念模型。

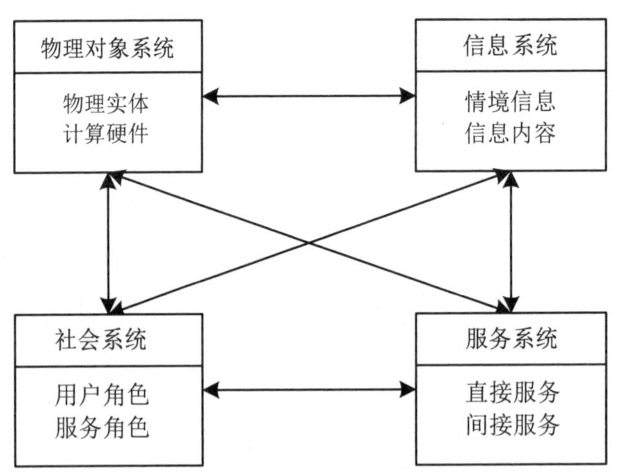

图 5-3 CPS 的概念模型

（1）物理对象系统：包含 CPS 所有运行情景下可用的物理实体对象和系统的计算硬件。

（2）信息系统：包含所有 CPS 运行过程中使用和产生的信息对象，主要有情境信息和信息内容。

（3）社会系统：包含拥有各种特征的角色集合，角色来自于交互主体（用户和系统的服务）；交互主体的交互行为发生在这一系统内。

（4）服务系统：包含所有 CPS 运行情景之下可用的信息内容服务（直接服务）和物理实体服务（间接服务）。

在社会系统中，交互行为主体被赋予特定的角色，在特定情景下针对信息空间中的信息对象展开交互行为；而信息对象基于所要支撑的服务进行定义。交互主体通过承担角色，使用信息对象和服务，在特定情境之下完成交互过程，也就是完成系统功能的使用。CPS 社会系统由各种角色（系统构成元素，抽象自交互主体）和交互情景动态变化（表征系统状态随时间变化的交互过程）构成。交互行为是系统任务需求的具体体现，任务需求通过角色之间的直接关系进行描述。信息沟通作为交互的子集，传递信息对象。信息对象是各种类型内容的抽象概念，如语音、文字、图形或数字化内容，通常需要被赋予特定角色的交互主体或服务提供支持。另外，外部服务可以创造出用于其他服务或交互主体的信息对象。服务为角色和其他服务对象提供系统功能。界面服务提供图形化、可触摸、语音或其他交互界面，被赋予角色的交互主体可以通过这些界面访问服务，以达成特定情景下的交互目的。CPS 通过移动计算、普适计算把以往受限于时间和空间的信息服务进行拓展，实现了无处不在的信息服务[163]，并以无形化的方式嵌入物理对象和物理过程之中。物理对象系统包括所有 CPS 运行所需的物理实体对象。

CPS 下的交互行为既可以是社会行为，如 CPS 支撑的人与人之间的交互，也可以是个体行为，如用户在特定环境下使用系统提供的服务。如果交互行为参与者同时出现在交互过程中，那么这种社会行为就是直接交互。同样的概念也适用于服务，如果用户通过人机界面享受系统服务，并认为界面属于服务不可分割的一部分，那么这种服务就属于直接服务，称为界面服务（interface service）。例如，系统通过界面呈现新闻、视频等信息内容，交互行为的目标就是了解或消费这些内容，若没有交互界面，这类内容就无法呈现。其他类型的服务则需要通过界面服务提供给用户，属于间接服务。例如，通过系统界面控制其他实体对象执行特定功能。所要提供的服务属于界面服务还是间接服务是系统设计过程中需要考虑的问题。

5.4 CPS 交互设计模式

对一些 CPS 开发项目的研究发现，在项目开发过程中，重复出现了一些类似于建筑[164]和软件工程[165]领域常用的设计模式来实例化地表现 CPS 的系统设计方案。笔者为 CPS 交互设计提出 7 种图形化的设计模式，如图 5-4 所示。

（1）角色交互（role interaction，P1）：两个或更多交互角色通过界面服务交换信息对象的过程，如收信人和发信人通过邮件进行沟通交流。用 R-I 表示这一交互设计模式，在这一模式中，界面服务的功能只是提供沟通渠道。

（2）服务承担角色（service takes role，P2）：信息内容服务被赋予特定的角色。例如，政府的官方网站发布信息，承担的角色具有公信力和权威性社会特征。

（3）角色使用信息对象（role uses information object，P3）：在这一模式中，角色直接操作信息对象。它可以表现角色通过系统内部服务或界面服务接收信息对象的过程。这意味着角色可以直接从服务中接收信息对象，如企业管理人员利用智能商业管理服务读取企业的销售信息。

（4）角色使用服务（role uses service，P4）：这一模式描述的是角色创造信息对象的过程。用户在使用服务的过程中会创造出新的信息对象，如护士通过健康报告服务为病人创造病情报告。

（5）服务使用信息对象（service uses information object，P5）：在没有用户介入的情况下，CPS 内部的信息服务或界面服务接收到信息对象。这一模式是服务交互模式的简化，当服务对于概念模型不太重要时采用这种模式，如本地服务从云端接收股票信息。

（6）服务交互（service interaction，P6）：CPS 中没有用户介入的界面服务或内部信息服务的交互关系，用 S-I 表示。这一模式涉及信息对象的使用，如本地的天气预报数据被发送到天气预报中心。与下面的角色创造信息对象模式相比，这一模式支持在系统设计时可以不考虑服务的角色化问题。

（7）角色创造信息对象（role creates Information object，P7）：服务创造信息对象，通过承担角色，将信息对象连接到服务。这一模式支持基于角色的系统设计。例如，重要信息监控系统可以承担安全监控员的角色，创造紧急状况警报。创造的警报通过这一角色与安全监控服务相连接。

以上设计模式经过组合排列，基于特定规则联结之后可以表达特定的交互情景，以图形化的方式诠释交互主体之间的关系以及其他要素间的本体关系。

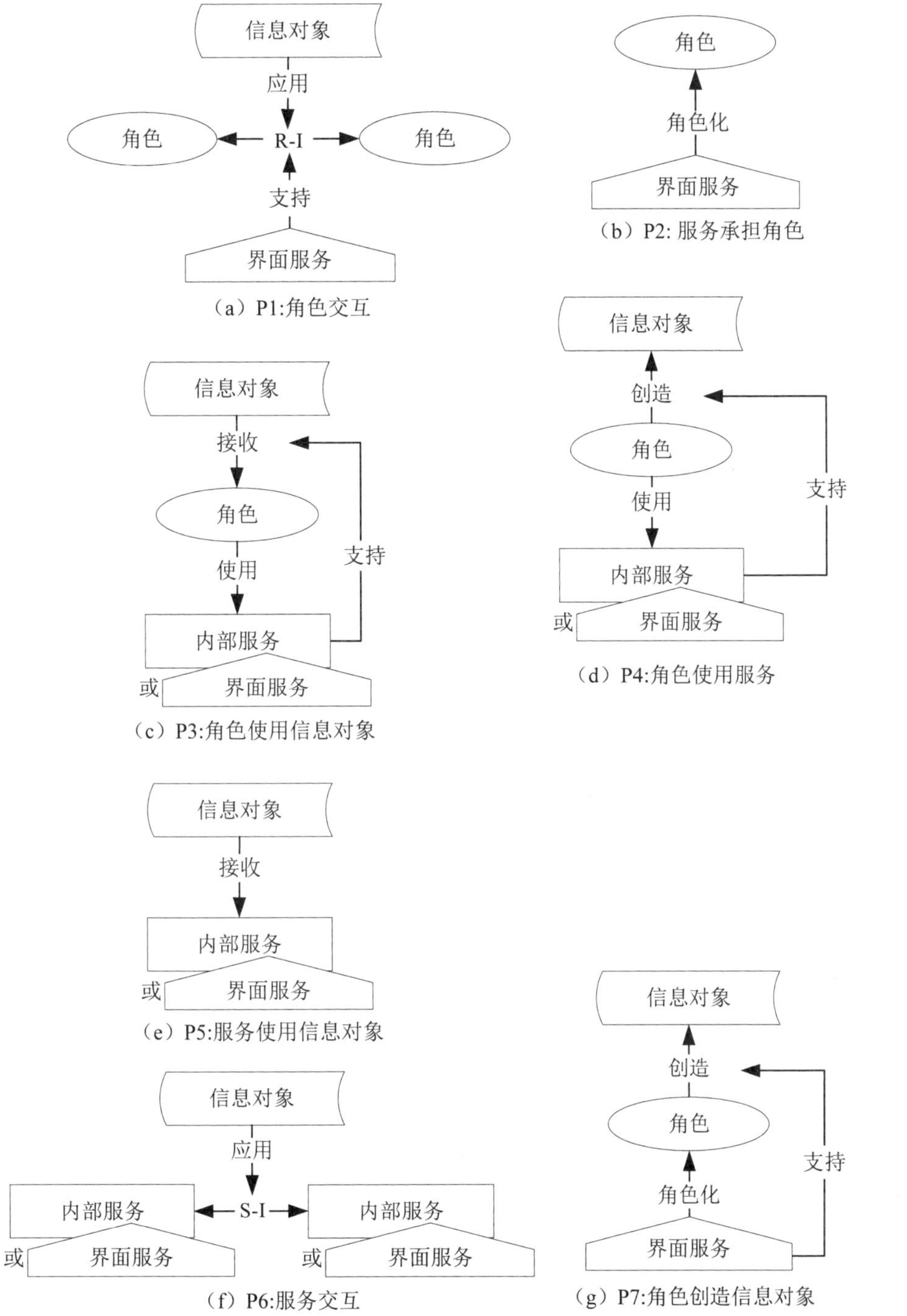

信息对象
应用
角色
R-I
角色
支持
界面服务

（a）P1:角色交互

角色
角色化
界面服务

（b）P2: 服务承担角色

信息对象
接收
角色
使用
支持
内部服务
或
界面服务

（c）P3:角色使用信息对象

信息对象
创造
角色
使用
支持
内部服务
或
界面服务

（d）P4:角色使用服务

信息对象
接收
内部服务
或
界面服务

（e）P5:服务使用信息对象

信息对象
应用
内部服务
或
界面服务
S-I
内部服务
或
界面服务

（f）P6:服务交互

信息对象
创造
角色
角色化
支持
界面服务

（g）P7:角色创造信息对象

图 5-4　CPS 交互设计模式

5.5 CPS 交互设计概念模型

情景是特定情境下交互对象之间交互行为的实例化描述。利用 CML 建立的 CPS 交互设计概念模型用于描述具体的交互情景和设计细节问题。笔者基于显性设计知识的 3 种表达形式及其之间的转化关系提出 3 种概念模型：叙事模型（narrative model，NM）、图表模型（diagrammatic model，DM）和形式化模型（formalized model，FM）。

如图 5-5 所示，在 CPS 交互设计过程中，设计师个体基于个人设计知识，受外部设计活动影响，产生设计思维和概念；通过叙事方法，利用语言和符号的形式转化为叙事模型；从叙事模型中抽取关键信息，利用设计模式和图形化表达手段建立图表模型；从图表模型中抽取概念和本体关系，通过本体建模，建立形式化模型；基于形式化模型的逻辑关系，通过数学建模建立系统运行的计算模型。从设计思维和概念向计算模型转化的过程中，设计方案的表达方式逐渐从抽象、易于理解的弱结构形式转化为具体、易于计算的强结构形式。

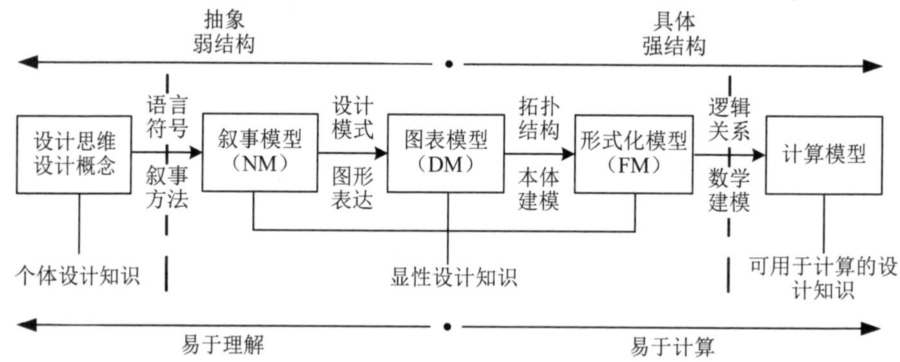

图 5-5　CPS 交互设计概念模型及其转化关系

5.5.1 叙事模型

为了表达非形式化的显性设计知识，笔者提出基于交互情景的叙事描述方法，用文本描述具体的交互情景。叙事模型是系统功能实例层面的故事化文本，它描述了用户在特定情境之下与 CPS 之间的交互行为过程[166]。根据具体的交互目标，叙事模型需定义与交互行为以及系统服务相关的物理环境、自然环境、用户的个人信息、外部的社会信息、具体的交互模态和用户执行的交互操作等因素。

例如，周六早晨 8 点钟，在浴室刷牙的时候，Jeffrey 从带有显示器功能的

梳妆镜上看到当天当地的天气预报。如图 5-6 所示，在这一示例中，交互行为发生的物理环境 / 地点是“浴室”；时间是“周六早晨 8 点钟”；参与交互的主体是“Jeffrey 和智能卫浴系统中的梳妆镜”；用户行为是“刷牙”；交互过程使用的信息对象是“天气预报信息”；交互过程所使用的模态是视觉通道，因为叙事模型描述道“……Jeffrey……看到……”；交互行为的发起方式是系统根据地理位置和时间“推送……天气预报信息”。

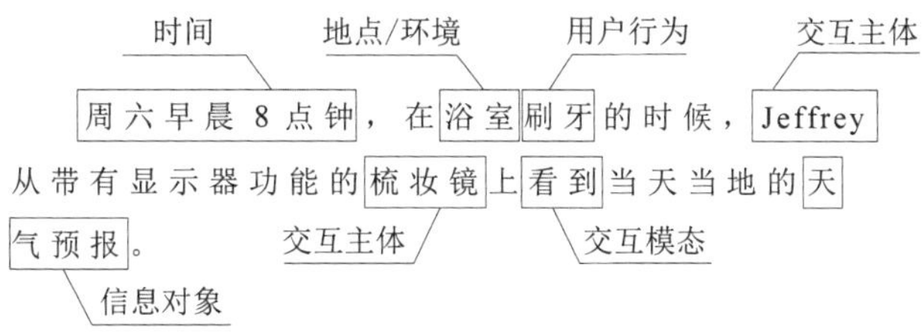
时间
地点/环境
用户行为
交互主体
周六早晨 8 点钟，在浴室刷牙的时候，Jeffrey
从带有显示器功能的梳妆镜上看到当天当地的天
气预报。
交互主体
交互模态
信息对象

图 5-6　对智能浴室信息推送服务叙事模型的分析

根据特定交互情景，叙事模型可以表达为包括若干相关要素，遵循叙事方法的文本描述：

$$NM=\{E, T, A, M, IO, \ldots\} \tag{5-1}$$

式中，E 为交互发生的物理环境和自然环境因素；T 为时间因素；A 为交互行为主体，也就是参与交互行为的角色；M 为交互行为所用的交互模态；IO 为交互信息对象。

叙事模型描述已确定的交互情景，对交互情境高度敏感，基于情景按照时间顺序，详细描述用户与系统之间的交互行为和意图；能揭示出交互过程中对信息对象的需求，以及交互行为的时间顺序；对构建用于计算的交互行为模型具有一定的帮助。叙事模型的构建原则包括：①关注于交互情景（交互主体、角色、信息、环境等）以及情景下的交互行为；②在实例层面进行描述；③不使用技术术语，不描述系统的实现逻辑；④让所有人易于理解（包括没有任何技术知识的人）；⑤尽量简洁。

图 5-6 所示是最简单的交互情景单元，包括了最基本的交互情景要素：两个交互主体，一次信息的传输和若干情境要素。在实际的设计和开发过程中，设计情景的定义可能会包括多个情景单元。为了保证设计概念表达的清晰和易于理解，需要把交互情景划分为多个单元进行表达。

5.5.2　图表模型

根据前文论述的设计知识转化过程，叙事模型被转化成图表模型。图表模

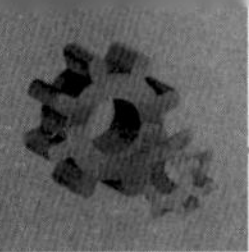

型聚焦于交互行为对社会结构、信息对象、物理对象以及服务的连续性需求，建立使用情景。下一步需要确定叙事模型中与以上概念对应的核心对象，并定义对象之间的交互关系。图表模型类似于用例（use case）的概念，因为它也描述交互情景中的逻辑关系，但图表模型的结构根据 CPS 建立，定义了一系列概念（信息对象、角色、服务和交互行为），而用例则与系统模型无关。

图表模型的建立过程，就是利用各种设计模式，针对具体的设计问题，将交互行为实例化的过程。设计模式的定义是建立图表模型的基础。

基于本体建模方法，CPS 的交互行为可以用一个三元组进行表示：

$$O_{\text{CPS-I}}=\left\{C,\ A^{C},\ R\right\} \tag{5-2}$$

式中，C 表示概念集，是 CPS 中参与交互行为的物理实体、计算设备、用户角色、环境的集合，采用框架结构进行定义，并用自然语言对概念进行描述；A^{C} 表示每个概念的属性集，即前文定义的用户信息和交互能力，以及设备信息、环境特征信息等；R 表示关系集，定义各概念之间的相互作用。

对公式（5-2）描述的交互行为单元进行图形化的表述之后，可以形成可重用的 CPS 交互设计模式，用以建立具体的图表模型。

建立 CPS 交互设计图表模型的过程包括以下 5 个步骤：

（1）定义交互行为所需的信息对象：所有在叙事模型中出现的信息要素都要定义为信息空间中的信息对象。需要注意的是，在特定交互情景之下新产生的信息一般都应该有其信息源。

（2）定义和信息对象相关的交互行为：包括人与系统的行为，即 HSI 和 SHI，也包括系统和系统间的交互行为，即 SSI。这一步需要定义与信息对象相关的交互行为，主要包括人与系统的交互和系统内部子系统之间的交互。这些交互行为都发生在社会系统之内。人与 CPS 之间的交互行为通常需要服务系统提供支撑。这一步骤可以通过使用角色交互（P1）模式完成。

（3）定义服务所承担的角色：根据“角色使用服务（P4）”模式，界面服务在交互过程中会承担一定的角色，并在交互过程中创造出新的信息对象。这一步骤定义界面服务所承担的角色。利用“角色创造信息对象（P7）”模式可以表现服务在承担一定角色，与用户进行交互之后产生信息对象的情况。对于服务承担一定角色，但没有产生新信息对象的情况，可以利用“服务承担角色（P2）”模式进行表达。

（4）定义提供服务所需的系统内服务：为了创造新的信息对象，就需要有信息源。用以产生新信息对象的界面服务在交互过程中需要访问这些信息源。

因此，需要定义与信息空间中所有信息对相关的系统内部分服务。利用“服务交互（P6）”模式可以表达与信息对象相关的服务间的交互行为。

（5）定义用户发起交互行为的活动：如果是用户发起了与系统间的交互行为，也就是说用户基于主动意识使用系统，那么可以用“角色使用服务（P4）”或“角色使用信息对象（P3）”模式表现。角色使用服务之后会创造信息对象，或接收信息对象。例如，用户要给其他人留信息，这种行为间接地由留言服务支持。

此外，针对复杂的叙事模型，需要建立多个图表模型。为避免出现十分复杂的图表结构，可以将叙事模型进行分解，原则是分解后的叙事模型应该包括一个完整的交互过程，以形成最精简的叙事模型，即角色交互（P1）模式或服务交互（P6）模式。

5.5.3　形式化模型

完成了叙事模型到图表模型的转化之后，最后一步是图表模型到形式化模型的转化。这一转化过程的目标是为后续的系统设计提供详细的规格说明，同时产出机器可读的概念模型。创建形式化模型的方法较多，如 UML、ER 模型或基于资源描述框架（RDF）、网络本体语言（OWL）等本体结构创建形式化模型。Bera 等人[167]的研究发现，OWL 具有一些 ER 模型和 UML 无法实现的功能，如 OWL 的本体结构是机器可读、可计算的。此外，OWL 结构具有独立性，也就是说，类可以独立于实例和特征存在，同样，特征也可以独立于类存在，但用 OWL 建立形式化模型也存在一些困难。Bera 等人[167]发现，没有明确的法则可用于把图表模型中的领域信息映射到类似于形式化模型的 OWL 之中。

延续 Bera 等人[167]所采用的方法，基于“哲学本体论”引申出把 OWL 结构应用于构建形式化模型的指导原则。图表模型包括 12 个概念和 8 个一般目标属性，用以表示 CPS 的基本实体：信息对象、角色、服务（子类包括界面和系统内部服务）。定义一个包括不同行为模式的父类：行为（action），其子类包括创造（creation）、接收（receive）和交互（interaction），交互又包括角色交互（role interaction）和服务交互（service interaction）两个子类。利用 OWL2 中支持对象间传递关系的属性链建立 8 个基本对象属性：启动交互（initiativesInteraction）、结束交互（finalizesInteraction）、启动行为（initiatesAction）、行为结果（isResultOfAction）、支持行为（supportsAction）、承担角色（takesRole），使用于（Usedin）和使用服务（UsesService）。之后，模式本体利用额外概念详细定义相关的基本对象属性。

图表模型中的关键概念及其逻辑关系都将转化到形式化模型中。基于图表模型的一般属性详细定义设计模式中对象的属性，在此过程中使用对象属性的继承结构。这意味着，所有设计模式都为从图表模型中导入的相关对象属性定义了子属性。因此，图表模型的父属性和所包含的概念并未变化。这正是 OWL 结构独立特征的体现：属性可以独立于类存在[167]。这种方法可以为具体设计模式明确地分配特定的对象属性。根据具体的图表模型，建模人员可以一步步地通过引入各设计模式建立最终的形式化模型。

5.6 案例验证

基于第 4 章智能浴室应用案例在前期系统功能定义阶段提出的 12 个交互情景，选择表 4-4 中的交互情景 1 作为应用案例，说明 CPS 交互设计三种表达模型的建立过程。

5.6.1 定义叙事模型

在表 4-4 中已经将交互情景 1 对应的 3 项信息服务：天气预报、事件推送、票务预订转化成了叙事文本：

“周六早晨 8 点钟，在浴室刷牙的时候，Jeffrey 从带有显示器功能的梳妆镜上看到当天当地的天气预报。基于天气信息和 Jeffrey 的日程安排，系统给出了相关的休闲娱乐建议，并询问相关活动意向（如晚上 8 点有新电影《大圣归来》上映，是否要订票？）。”

由于这一叙事模型较为复杂，包括 3 项服务，为了避免后续所建立图表模型的结构太过复杂，对叙事模型进行拆分。以下仅以“天气预报”服务为例说明图表模型和形式化模型的建立方法。由此，案例的叙事模型简化为：“周六早晨 8 点钟，在浴室刷牙的时候，Jeffrey 从带有显示器功能的梳妆镜上看到当天当地的天气预报。”

5.6.2 建立图表模型

按照前文的 5 个步骤将所定义的叙事模型转化为图表模型。

1. 定义交互行为所需的信息对象

案例的交互行为目标是“获取用户所在位置的天气信息”。该目标定义了“基于地理位置的天气信息”这一信息对象。在当前交互情景下，需要利用“全局性的天气信息”和“地理位置”两个信息源定义目标信息对象，进而建立初步的图表模型，如图 5-7 所示。

图 5-7　定义交互行为的信息对象

2. 定义和信息对象相关的交互行为

用户和个人天气信息助理之间的交互行为通过“个人天气信息预报服务”提供支撑。这一步使用角色交互（P1）模式，交互行为的主题是信息对象——“基于地理位置的天气信息”。所定义交互行为的图表模型如图 5-8 所示。

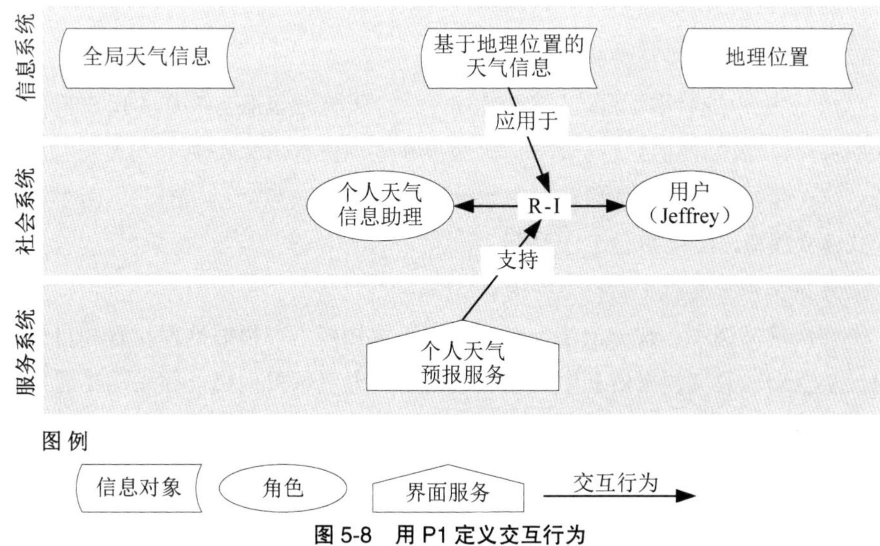

图 5-8　用 P1 定义交互行为

3. 定义服务所承担的角色

“个人天气预报服务”承担的角色是“个人天气信息助理”，这一角色创造出了新的信息对象——“基于地理位置的天气信息”。“服务承担角色（P2）”设计模式可以表达服务承担特定角色之后并未产生新信息或其他功能的情况。基于上一步定义的交互行为，利用 P2 和“角色创造信息对象（P7）”设计模式建立模型，结果如图 5-9 所示。

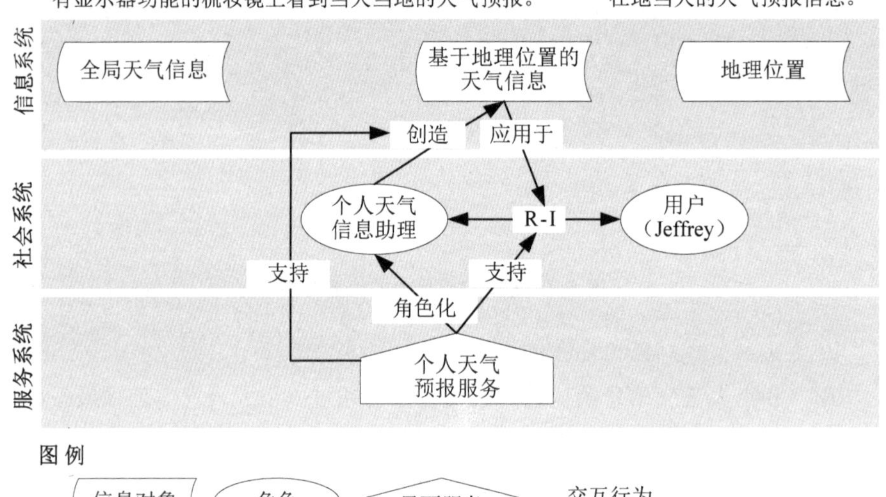

图 5-9 定义服务所承担的角色

4. 定义提供服务所需的系统内服务

所示案例中有两项系统内部分服务——“天气预报服务”和“用户情境感知服务”，这两者结合全局天气信息服务和地理位置信息实现个人天气信息服务。这一步利用“服务使用信息对象（P5）”和“服务交互（P6）”两个设计模式建立模型，结果如图 5-10 所示。

5. 定义用户发起交互行为的活动

在应用案例中，智能卫浴系统利用情境感知能力，根据地理位置和日期信息，从全局性天气预报信息中提取当地当天的天气预报信息，并主动推送给用户，在浴室的梳妆镜上显示，用户被动地接收信息服务。所以此处所建立的图表模型中没有这一模式。

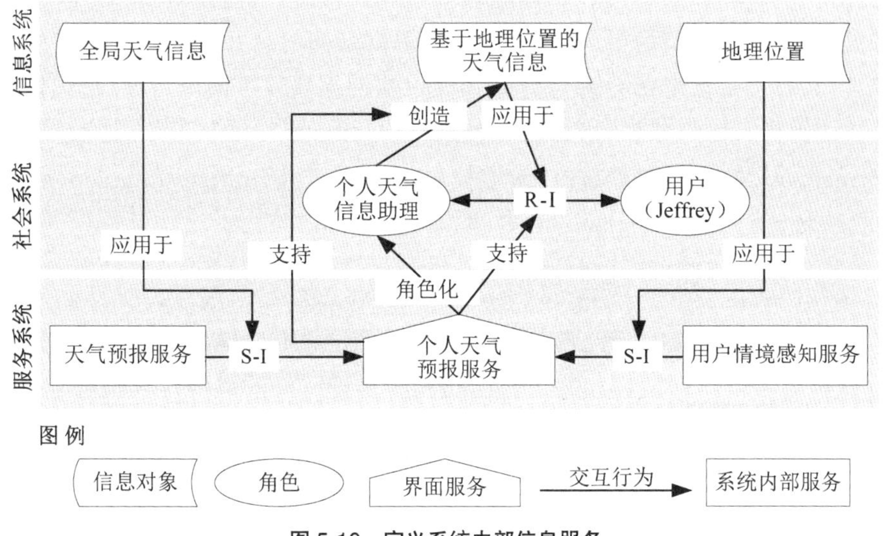

图 5-10　定义系统内部信息服务

5.6.3　建立形式化模型

基于以上步骤，建立案例所示服务的图表模型之后，基于图表模型的本体结构，把案例建立的图表模型（图 5-10）转化为形式化模型。目前主要的本体建模工具包括 WebODE[168]、Protégé[169]、OntoEdit[170]、Ontosaurus[171]、Ontolingua[172] 等，对这些工具进行比较之后，选择斯坦福大学 Stanford Medical Informatics 开发的 Protégé 作为本体建模工具。Protégé 也是目前众多本体研究机构的首选工具，其原因在于：

（1）Protégé 独立于操作环境，支持多重集成，支持对新数据进行一致性检查，可以导入、导出多种基于 Web 的本体建模语言格式，还可以在内部转化成 XML、RDF-S、OIL、DAML+OIL、OWL 等多种形式的文本表示格式，数据适应性强。

（2）Protégé 提供了完整的应用编程接口（application programming interface，API），具有开放式架构，可以连接到用户自行安装的系统插件或是自己设计的程序模块。

（3）Protégé 属于开源软件，可以免费下载使用，并且版本更新及时。

在 Protégé 中建立一个空的 OWL 文件，然后通过 URL 导入之前定义的图表模型设计模式。与建立图表模型的 5 个步骤类似，首先导入角色交互模式（R-

I)，参见图 5-11，然后建立该模式相关的概念，为“角色（Role）”概念建立实例“用户（User）”和“个人天气信息助理（PersonalizedWeatherAssistant）”，参见图 5-12。为了表达用户和个人天气信息助理间的交互行为，需要为“角色交互（R-I）”概念建立实例。为了用所建立实例连接以上两个角色，形式化设计模式提供具体的对象属性“启动角色交互（initiatesR-I）”和“结束角色交互（finalizesR-I）”，这两个属性继承自父属性“启动交互（initiatesInteraction）”和“结束交互（finalizesInteraction）”，参见图 5-13。

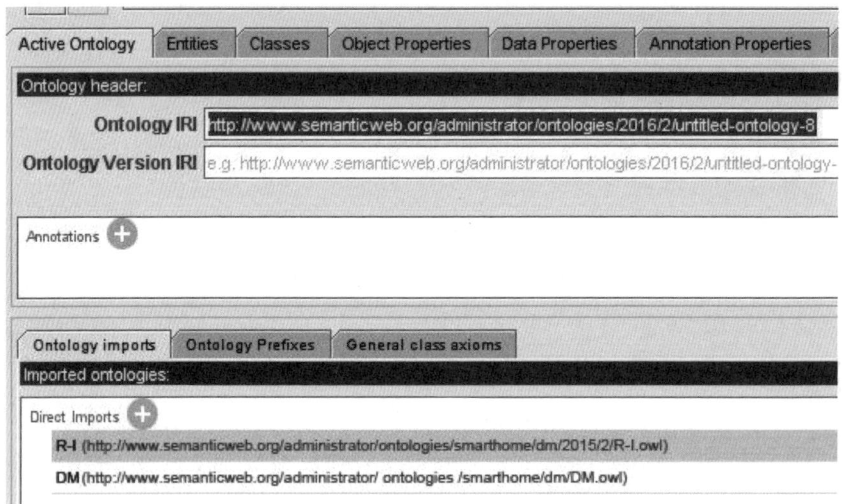

图 5-11　导入角色交互模式（R–I）

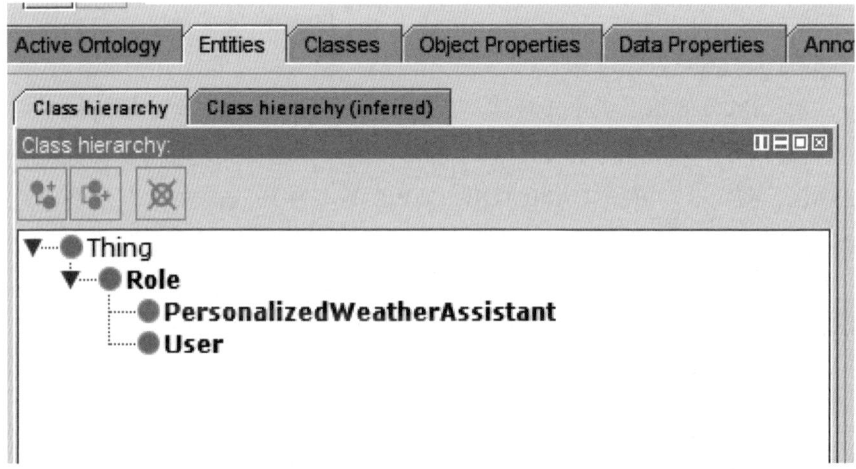

图 5-12　角色实例：个人天气信息助理（PersonalizedWeatherAssistant）和用户（User）

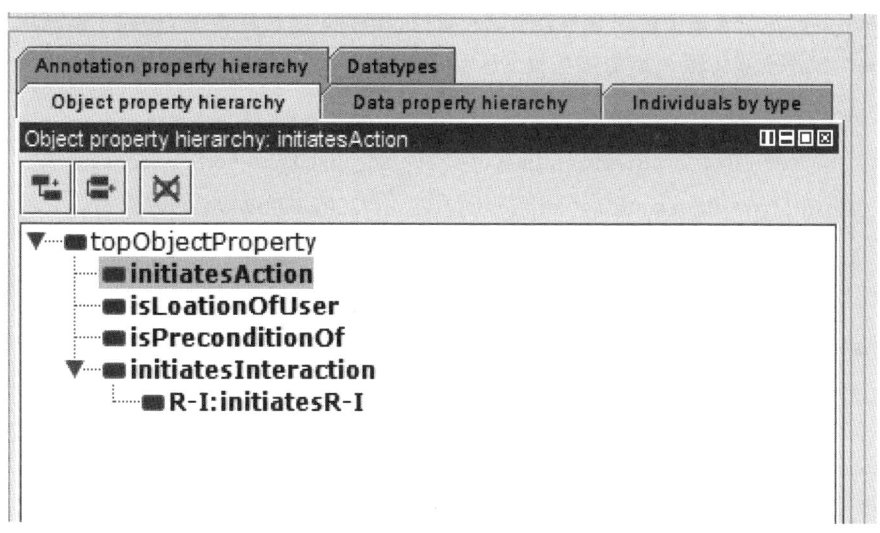

图 5-13　角色交互（R-I）模式定义的对象属性

以下是用“角色交互（R-I）”对象连接“用户（User）”角色的 OWL 代码片段：

<owl: ObjectPropertyrdf:about=" http://www.semanticweb.org/administrator/ontologies/smarthome/dm/2015/2/R-I#initiatesR-I" />

<rdfs: domainrdf: resource=" http://www.semanticweb.org/administrator/ontologies/smarthome/dm/DM.owl#Role" />

<rdfs: rangerdf: resource=" http://www.semanticweb.org/administrator/ontologies/smarthome/dm/ DM.owl#R-I" />

<rdfs: subPropertyOfrdf: resource=" http://www.semanticweb.org/ administrator /ontologies/smarthome/ dm/ DM.owl#initiatesInteraction" />

</ owl:ObjectProperty>

[…]

<owl: Thing rdf:about=" #User" />

<rdf: typerdf: resource=" http://www.semanticweb.org/administrator/ ontologies /smarthome/dm/2015/2/ DM.owl #Role" />

<RoleInteraction:finalizesR-Irdf: resource="#R-I1" />

</ owl:Thing>

在定义基于设计模式的关系时，图表模型的父属性会自动补全。参考以上做法，导入“角色使用信息对象模式（Role uses IO）”和“服务交互模式（S-I）”，

进一步定义图表模型的父属性，确保没有信息遗漏，提升其表现力。以下是利用 3 种图表模型设计模式为界面服务“个人天气预报服务”建立形式化模型的 OWL 代码片段：

```
<Model: InterfaceService rdf:about=" #PersonalizedWeatherService" />
<rdf: type rdf: resource=" http://www.w3.org/2002/07/owl#Thing" />
<RoleUsesIO:supportsCreation rdf: resource="#Creation-1" />
<RoleUsesIO:interfaceServiceTakesRolerdf: resource="#PersonalizedWeatherAssistant" />
<RoleInteraction:supportsR-Irdf: resource="#R-I1" />
<Role Interaction:finalizesS-Irdf: resource="#S-I3" />
<Role Interaction:finalizesS-Irdf: resource="#S-I4" />
</ Model:InterfaceService>
```

5.7 3 种表达模型的优势

CPS 的交互设计问题不同于传统的人机交互设计问题，传统的基于视觉界面元素的模型无法有效地表现 CPS 交互设计的概念。针对不同设计阶段，笔者提出了从模糊设计概念阶段到最终清晰的结构化表现阶段可用的 3 种设计概念表达模型。

叙事模型能将设计概念转化成自然语言描述的语句，有利于设计成员间的沟通交流。对叙事模型所包含要素的清晰定义能帮助设计师建立清晰的思维模型，进而提高工作效率。图表模型基于叙事模型将设计概念图形化表现，能更进一步表现设计概念中交互主体间的信息流向。笔者提出的 7 种设计模式能够帮助设计师以程式化的方式构建图表模型，同时有助于程序开发人员对系统中信息管理方式的理解。形式化模型把设计概念进一步细化为程序开发人员可用的本体模型。本体模型基于计算机建模语言清晰定义了系统开发中各个概念的关系，使得设计概念可以直接衔接到系统的开发过程。

智能浴室设计的案例说明了从设计概念定义叙事模型、图表模型以及形式化模型的过程，参与案例的设计师和系统开发人员表示，3 种模型能以不同的形式清晰地表达设计概念，有利于设计团队内部的沟通协作；3 种模型的转换过程能保证设计概念的统一性和完整性，易于理解，容易使用，能有效地提高工作效率。不足之处在于，设计人员需要对 CPS 的概念模型有较为深刻的理

解，才能在建立叙事模型时选择适当的情境因素构建叙事语句。后续在建立图表模型时，设计师也需要对 CPS 的本质有足够深刻的理解，才能清晰地把握信息的流向，定义角色间的交互关系以及系统各概念的本体关系。建立形式化模型需要设计师具备一定的本体建模经验和相关的计算机程序开发知识储备，否则需要程序开发人员的辅助才能完成从图表模型到形式化模型的转化。

5.8 小　结

CPS 交互设计概念的表达是设计流程中非常重要的环节，概念设计模型是设计思想在团队成员间顺畅交流的保障。本章从设计知识的类型出发，探讨了 3 种设计知识对应的概念模型的转化关系，针对 CPS 交互设计问题，基于 CPS 概念模型，提出了图形化表达的设计模式，以及叙事、图表和形式化 3 种设计概念模型，并利用应用案例详细说明了 3 种概念模型的建立方法和转化过程。笔者提出的 3 种概念模型能帮助设计师把设计思想从系统概念定义转化到程序可用的本体结构，有效地解决了 CPS 交互设计方案的表达问题，比传统的交互设计概念表达方式更具系统性，条理更加清楚，与下游程序开发的衔接更加顺畅。

交互设计方案除了用形式化表达，还需要对 CPS 整体概念以及其中的交互关系进行仿真、模拟，并在进入具体开发工作之前对整体设计方案进行评估，以确保设计开发输入条件的准确性，提升开发效率。下一章将讨论 CPS 交互设计的原型构建方法。

第 6 章　CPS 交互设计原型构建

交互设计原型是设计方案进入具体开发阶段之前对整体设计方案的模拟，能够帮助开发团队人员较为全面、系统地审视整个系统设计方案是否合理。根据系统构成，CPS 交互设计原型需要对物理环境、物理实体对象、信息对象、用户及其特征、激发系统服务的事件等进行最接近真实状况的模拟。由于构成要素的异质性，CPS 交互设计方案的构建需要综合采用各种系统要素的原型技术展开。

本章分析了 CPS 交互设计原型的构成，及其与传统软件交互设计原型的差异；提出以情境为中心的原型构建方法，分别讨论了各种不同系统构成要素原型的构建；说明 CPS 交互设计原型评估的内容和评估方法；提出计算机辅助 CPS 交互设计原型系统，并说明系统的构成和框架。

6.1　CPS 交互设计原型

CPS 的原型构建是系统开发过程中的重要环节。目前已有的相关系统开发研究中，研究人员都基于所开发的计算硬件和软件构建系统原型，并未充分考虑 CPS 的人工环境、人物角色以及随机事件的模拟[173-175]。基于前文论述，构成要素的相关情境信息的动态变化，以及系统对情境信息的持续监测和反应是 CPS 实现系统功能的核心过程，也是交互设计工作的主要关注内容。所以，交互设计的原型构建必须实现对这些过程的模拟才能更加接近于系统实际运行状态。

从 CPS 的系统构成以及第 2 章对交互情境的定义和第 3 章对情境信息的分类，CPS 交互设计原型包括环境、物理实体、人、交互界面、信息内容以及情境信息的变化，其中的可见要素如图 6-1 所示。物理实体原型包括了系统中的所有实体对象，如系统的计算硬件以及提供其他服务的产品。原型中对于环境的定义包括与系统服务相关的环境参数，与现实世界对应的环境划分以及各分区域的功能定义。原型中对人的定义包括用户的基本信息、与服务相关的交

互能力和其他信息。交互界面的原型构建需要关注系统采集信息的各类传感器和显示信息内容的视觉界面。系统中的信息对象借助于信息显示界面提供给用户，所以对信息对象的模拟可以与交互界面的模拟一起完成。人、物理实体、环境参数等情境信息的变化构成事件，系统原型通过提供对应的服务响应事件，从而模拟情境要素的变化和系统的反馈行为。

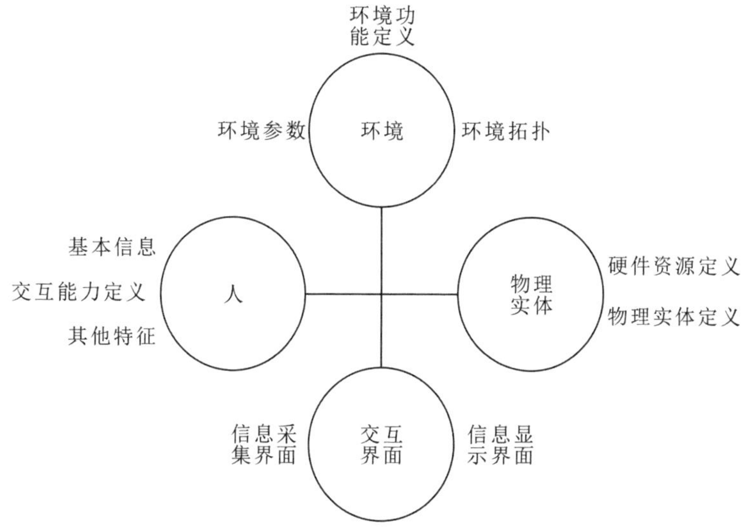

图 6-1　CPS 交互设计原型中的可见要素

6.2　系统开发资源分析

根据系统设计需求的不同，CPS 功能定义可能会产出大量的设计概念，如图 4-6 所示。而整理出的所有系统功能所需的物理实体、信息对象以及软件可能存在很多重复的现象，即同一物理实体可能支撑多个系统功能，同一信息对象需要为多个系统功能服务，同一软件需要管理多个功能所需的信息。在系统原型构建之前，需要理清系统开发所需的所有物理实体、信息对象和软件。通过梳理实现所有系统功能所需的物理实体、信息对象、服务目标、交互类型、价值，然后合并相关物理实体和信息对象，能够为后续的工业设计和软件设计提供参考，也能为系统的整体价值和服务目标定义提供思路。

6.2.1 服务资源表

基于系统功能定义工作坊筛选出的所有要进入详细设计阶段的设计概念的叙事模型，详细分析其用户角色、服务价值、目标、所需的物理实体资源、信息与内容、系统提供服务（实现功能）的触发条件和交互类型，制作完成系统服务资源表。表 6-1 所示是基于第 5 章示例的叙事模型完成的服务资源表。

表 6-1 服务资源表示例

用户角色	Jeffrey，男，32 岁，白领，三口之家男主人		
叙事模型	周六早晨 8 点钟，在浴室刷牙的时候，Jeffrey 从带有显示器功能的梳妆镜上看到当天当地的天气预报	编号	NM1
价值	便捷的天气预报信息服务，为用户后续活动提供参考		
目标	（主动）向用户提供所处位置的天气信息		
物理实体	镜面显示器、网络通信硬件、用户识别硬件		
信息与内容	天气预报信息、地理位置信息、时间等		
使用条件	用户（使用权，身份确认）和信息提供商（允许其提供信息）		
交互类型	天气预报信息提供商→用户（SHI）		
关键问题	当前时间？用户是谁？当前位置		

在服务资源表中，“用户角色”指系统所要服务的用户对象，如有多种用户角色，需要全部描述清楚。“叙事模型”是对系统功能的文本描述，其定义方法参见第 5 章内容。当设计概念较多时，设计团队内部可以自定义规则，对所有叙事模型进行编号，方便后期检索。“价值”指所描述的系统功能能够为用户带来的价值。常见的价值类型包括提升效率，实现前所未有的新功能，降低用户操作次数或难度，提升用户体验（更美观、更易用、更有趣）等。“目标”指该项功能满足用户需求的具体方式，一般涉及信息和内容的呈现，或是通过物理设备的运行改变其他对象。例如，显示天气预报信息，启动洗衣机清洗衣物等。“物理实体”指实现系统功能所需的实体产品，如果是已有的成熟产品，可以直接填写；如果是需要新开发的产品，则需要详细到其关键零部件。“信息与内容”指实现系统功能所需的情景信息和需要直接呈现给用户的内容。“使用条件”指系统启动该项功能所需的判断条件，即在什么样的条件下才启动该功能。“交互类型”指实现该项功能的过程中所涉及的用户和系统、系统和子系统之间的交互关系，这涉及信息的传输和相关的界面设计工作。“关键问题”指要实现该项功能，系统开发人员需要

特别关注的判断条件。

6.2.2　系统开发资源表

整理完成所有系统功能设计概念的服务资源表之后，梳理系统开发所需的物理实体资源，合并重复项，完成系统开发物理实体资源表。表 6-2 所示是智能浴室案例的系统开发物理实体资源表示例，详细定义每一个物理实体的功能、支撑的服务（用叙事模型编号指代）、初步解决方案以及获取渠道。物理实体的初步解决方案一般应包括大致体量尺寸、性能参数、规格等。根据企业实际生产加工能力定义这些物理实体的获取渠道，一般包括自行生产加工、供应商定制开发、直接选型购买等。

表 6-2　系统开发物理实体资源表示例

序　号	物理实体	功　能	支撑的服务	初步解决方案（参数，规格）	获取渠道
1	镜面显示器	显示信息，提供镜子的功能	NM1、NM2	60 cm×80 cm 镜面显示器，右上角布局对角 9.7 英寸显示区域	供应商定制开发
2	网络通信硬件	连接互联网，获取信息和内容	NM1	wifi 通信模块	选型、购置
3	用户识别硬件	识别用户	NM1	红外传感器，安装位置 1.5 米高	选型、购置
4	用户身份识别硬件	识别用户身份	NM2	人脸识别摄像头	选型、购置

梳理所有系统服务所需的信息内容资源，合并重复项，完成系统开发信息内容资源表。表 6-3 所示是智能浴室案例的系统开发的信息内容资源表示例，详细定义每一项信息内容的获取渠道、支撑的服务（用叙事模型编号指代）、显示方式和显示硬件。获取渠道决定了系统提供所有服务需要的信息来源，一般来说包括从第三方（合作方）获取、通过传感器硬件获取、用户生成、系统生成等。显示方式初步定义了信息和内容的呈现形式，是传统交互设计的重要工作。显示硬件指用于显示信息和内容的硬件载体，一般都是各种显示器，包括液晶屏、点阵显示屏、信号灯等。

表 6-3 系统开发信息内容资源表

序号	信息内容	获取渠道	支撑的服务	显示方式	显示硬件
1	天气预报信息	从第三方平台读取，如墨迹天气	NM1	文字、图形	镜面显示器
2	地理位置	GPS、网络位置	NM1	文字	镜面显示器
3	时间	系统时钟	NM2	文字	镜面显示器
4	用户身份	人脸识别、用户输入	NM2	文字、图标	镜面显示器
5	周边餐饮服务信息	从第三方平台读取，如美团	NM2	文字、图形、视频	镜面显示器

通过梳理系统开发所需的物理实体和信息内容资源，能为后续系统原型构建提供工作思路，便于企业初步估计设计的开发成本。这两种表格也可用于设计团队和系统开发团队沟通，理清系统开发任务。

6.3 CPS 交互设计原型构建方法

因为构成要素性质各有不同，所以需要有针对性地采用各种原型技术来构建 CPS 交互设计的原型。以下分别讨论针对各种系统构成要素的原型构建方法。

6.3.1 环境的搭建

人工环境中的实体要素，如墙、地面、屋顶、门、窗等可以利用简易的建筑材料解决，也可以购置灵活可拆解的活动板房进行搭建。环境参数，诸如温度、湿度、紫外线、光照等可以通过购置相应的设备进行调节。对于各区域的功能定义可以通过购置相关设施的模型来构建，如在所定义的厨房区域购置相关的厨具模型和食材模型营造氛围。

通过购置相关材料构建实物模型的方式搭建环境原型成本较高，且工期长，浪费较大。笔者提出用计算机三维设计技术在软件环境中模拟相关的实体要素，然后对各区域定义与系统服务相关的环境参数和功能。计算机三维设计技术已非常成熟，诸如 3D Max、Maya、Sketchup 等软件都可以模拟各种人工环境和自然环境。

6.3.2 物理实体的原型制造

对于物理实体产品的原型构建可以采用工业设计中传统的快速原型制造技术，基于实体产品的设计方案加工最高接近度的实体模型。如果 CPS 所涉及物

理产品市面上已有销售，也可以采购真实产品或用其实物模型代替。另外需要实体产品模型的人机界面具备交互功能，同时有相应的反馈机制。例如，电视机模型的按钮能够按下有反馈。系统的计算硬件可以通过采购相关的电子元器件拼装解决，也可以直接采用已有的计算机和相关信息产品。

通过制造实体产品原型或购置真实产品来构建 CPS 交互设计原型能实现最接近真实环境的效果，在测试时用户体验较好，但成本较高，不利于重复使用。笔者提出利用计算机辅助工业设计技术，在三维软件中构建实体产品的造型。目前已有的计算机辅助产品造型设计软件（如 Rhino、Alias、Pro/E、UG、Catia 等）都可以完成实体产品的三维造型建模。对于实体产品的人机交互界面，通过引入虚拟现实技术和三维动画的定义可以实现。Virtools、Cult3D、Unity3D 等虚拟现实软件均可以实现对实体产品人机交互界面及其反馈过程的模拟。

6.3.3　用户角色

用户角色定义[176]是传统的 HCI 设计中常用的描述用户特征和信息的方法。它基于用户研究结果进行定义，用户角色描述的并非具体某个用户的特征，而是系统潜在用户群体的一般特征和行为习惯综合，具有一定的概括性和覆盖作用，能很好地指导产品的交互行为和界面的定义。

CPS 交互设计原型中对人的模拟更多地关注于系统中特征和行为的变化。对于潜在用户的定义可以借鉴传统 HCI 中的用户角色定义，但在实际构建原型阶段，如果系统实体要素和环境要素都利用实体的方式模拟，可以直接让被试在测试环境中还原真实生活中的行为，从而检测系统是否能捕捉到相关情境信息的变化，并提供相应的服务。如果利用计算机辅助设计的方法建立 CPS 交互设计原型，则需要依赖于三维人体建模软件，如 Poser、MakeHuman 等建立数字化模型，再定义相关的交互能力参数和其他特征，同时规划其在系统测试过程中的行为特征。

6.3.4　交互界面

交互界面是系统与用户直接接触的要素，是原型构建中最为重要的部分。系统物理实体中与用户没有直接交互关系的原件，如传感器、计算硬件、功能实现硬件可以直接采购，只需要对物理实体的人机交互界面进行原型构建即可。而对于呈现信息对象的软件界面，也可以采用传统的 HCI 设计原型构建方法，制作纸质原型，或者利用各种原型工具，如 Auxre、Sketch、Justinmind 等实现其视觉界面的设计以及界面交互动态效果，再在测试环境中安装运行。另

外，系统服务中的信息对象和内容都需要通过交互界面显示，所以构建交互界面原型时除了需要关注视觉要素，还需要模拟其中所显示的信息内容。利用计算机构建 CPS 交互原型时，可以直接把传统 HCI 软件界面原型导入计算机辅助设计软件使用。虽然所有情境信息都是在计算机辅助设计软件内，由相关领域专家进行定义，但传感器的布局会影响到情境信息是否能被系统采集到，所以在构建交互设计原型时，需要模拟各种传感器的布局位置和参数选择。

6.3.5 情境信息的变化

环境参数、实体对象、用户状态等情境信息的变化是 CPS 交互设计原型构建中最难以实现的部分，用传统构建实体原型的方法模拟情境信息的变化非常复杂。环境参数的变化需要用环境调节设备经过一定时间才能实现；实体对象的原型本就不具备全部的功能，状态变化基本上无法用原型进行模拟；用户状态的改变可以通过预先设定的剧本让被试进行模拟，但这种方式效率较低，且会影响被试的测试体验。

利用计算机辅助设计技术，针对建立的三维模型，改变其相关参数，可以实现对系统情境信息变化的模拟。根据第 2 章中对情境的描述，在计算机辅助设计软件中设定每个情境信息的参数变化范围，在运行 CPS 交互设计原型时利用随机函数生成各情境信息的随机状态，然后利用第 3 章中的隶属函数分类情境信息所述的描述概念，再通过模糊逻辑推理机，利用推理规则对相关情境信息的描述词进行推理，检验特定情境参数状态组合是否有对应设定的系统服务，如果有，则在软件内提示情境感知功能完成，系统将提供该功能；如果没有对应的系统服务，则继续用随机函数生成情境信息参数。

6.4 CPS 交互设计评估

CPS 交互设计评估指利用交互设计的输出结果对设计方案的有效性、执行效率、用户接受程度等进行分析的过程。CPS 交互设计评估与传统的 HCI 设计评估在目标、内容以及方法方面都有所不同。

6.4.1 评估目标

传统的 HCI 交互设计评估在于通过测试和评估找出被试对设计方案有用性的认同，以及设计方案中不符合用户认知规律、操作习惯的部分。软件产品交互设计评估通常被称为可用性测试（usability test）。ISO 9241—11 对其定义为：特定用户在特定使用情境下使用设计方案达成既定目标的效率、效力以及

满意度[177]。常用的可用性测试方法包括认知走查（cognitive walkthroughs）[178]、启发式评估（heuristic evaluation）[179]、用户使用测试（user test）[180]等。

CPS 交互设计规划的是系统采集并感知情境信息，然后主动向用户推送服务的过程。因此，CPS 交互设计评估的目标是利用交互设计原型评估设计方案是否能有效地采集情境信息，是否能对相关情境信息执行正确的推理，得出符合设计目标的结果，以及用户对系统推送服务方式的接受程度。

在完整的 CPS 系统测试中，既需要对系统情境感知、主动提供服务的交互设计方案进行评估测试，也需要利用传统的 HCI 设计测试对人机交互界面进行可用性测试。由于后者已有较为成熟的解决方案，因此只讨论前者，即 CPS 的情境感知和主动提供服务的评估测试。

6.4.2　评估内容与评估方法

第 4 章的实验研究部分详细讨论了从位置、模态、时间、用户行为 4 个方面入手，利用 TAM/SSF 模型对系统服务设计方案进行评估的方法。第 4 章的实验中所使用的是实物模拟制作的系统原型，通过向用户讲解的方式演示系统对情境信息的感知以及主动提供服务的过程。如果使用计算机辅助设计技术制作 CPS 交互设计原型，可以在原型中更加接近真实状态模拟情境感知和推送服务的过程，利用虚拟现实技术也可以改进利用这种原型进行测试时用户的沉浸感。

1. 情境信息采集测试

除了需要专家手动输入 CPS 系统的情境信息，交互设计方案中一些动态更新的信息，如环境参数变化和用户行为的采集需要在人工环境和物理实体中布局各种传感器进行采集。这些传感器的型号选择以及位置布局决定了系统是否能有效地采集到主动提供服务所需要进行推理的情境信息。

在利用实物模型构建 CPS 交互设计原型时，原型人员可以购买对应的传感器，通过分析情境感知目标，大致推算出传感器需要安装的位置，并在实验环境中布局安装，利用相应的控制软件观察传感器的数据采集情况，然后在测试过程中不断进行调节以达到最佳布局效果。

如果利用计算机辅助设计的方法构建 CPS 交互设计原型，那么可以在原型环境中设置相关传感器的布局位置和参数，生成其作用范围，然后编制软件程序实现传感器对相关情境数据的采集。以摄像头的布局问题为例，对视觉信息采集的编程可以参考第 3.5.1 节中关于交互设备和用户视觉双向可达的检测算法。

2. 情境推理测试

对 CPS 交互设计原型的情境推理测试是检测交互设计中各种情境信息的组

合是否能激发系统响应服务的过程。在用实物构建交互原型的方法中，由于还没有进行软件开发，这部分功能无法完成测试，因此只能由测试人员向用户描述，系统基于什么样的情境信息状态的组合，具体提供哪些有针对性的服务，然后询问用户的观点，以评估交互设计中提出的情境推理规则的合理性。

在计算机辅助设计原型构建中，可以设定各种推理规则，基于系统采集到的情境信息，利用模糊逻辑组织推理机进行推理，然后给出推理结果，说明针对所推理的交互情境信息，系统是否有对应的服务方案。具体的情境推理技术可以参考第 3 章的情境感知框架和模糊逻辑推理机部分的解决方案。

通过传统的用户测试方法询问用户关于情景推理规则的观点和看法，能有效捕捉用户对系统服务方式的接受程度；利用计算机辅助设计原型系统对系统情境信息的推理能力进行测试，能测试初步设计的情景推理算法的有效性和执行效率。在实际项目开展过程中，可以综合采用以上两种方法对情境推理部分的交互设计方案进行评估。

6.5 计算机辅助 CPS 交互设计原型系统

基于第 2 ～ 5 章的研究成果和第 6.1 节对 CPS 交互设计原型构建的讨论，提出计算机辅助 CPS 交互设计原型系统（CPS-CAIxDS），目的在于模拟 CPS 的构成要素和提供服务相关的所有情境要素，以及情境要素状态的变化过程，为设计师提供方便快捷的方式表达设计方案。利用 CPS-CAIxDS 建立的交互设计原型也可以系统整体设计方案的评估，并可以为后续的系统开发生成形式化的交互设计模型。

6.5.1 系统总体架构

CPS-CAIxDS 的总体架构如图 6-2 所示，共包括 4 层：资源层、技术层、工具层和应用层。

资源层是软件的所有基础数据库和案例数据库。用户模型库存储带有各种默认参数的用户三维模型。物理实体库存储 CPS 的各种计算硬件、通信硬件和常用实物产品的三维模型和相关参数。推理规则库存储系统设计时制定的各种推理规则。环境资源库提供各种建立人工环境的模板。系统服务库存储 CPS 设计时定义的各种系统服务和相应的激发条件。情境资源库存储各系统构成要素与特定服务相关的情境信息。交互情景库存储与服务对应的各种交互情景。

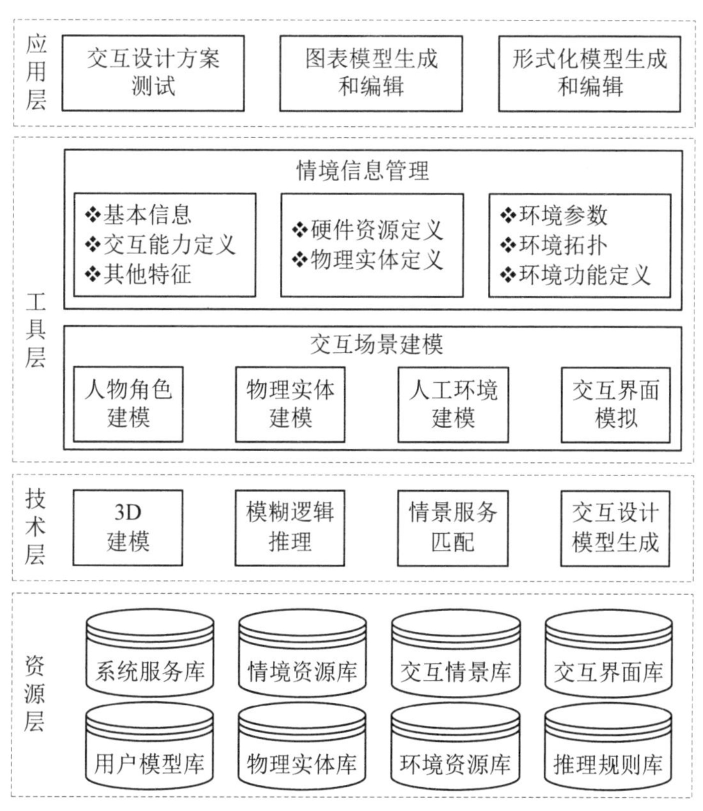

图 6-2 CPS-CAIxDS 的总体架构

技术层是 CPS-CAIxDS 的支撑技术。3D 建模技术采用已有的 3D 建模引擎或基于已有的 3D 建模软件进行二次开发。其他 3 项技术来自第 3 ～ 5 章，此处不再赘述。

工具层是建立系统情境要素的子系统模块，主要包括交互场景建模模块和情境信息管理模块。人物角色建模模块用于定义系统中的人物形象，并设定相关参数。物理实体建模模块用于建立 CPS 系统构成中物理实体的三维模型，并设定相关参数。人工环境建模模块用于建立 CPS 系统构成中系统运行环境的三维模型，并设定相关环境参数，设定相关区域的功能。交互界面模拟模块是用户建立系统运行时使用的软件界面原型。以上 4 个模块要建立的原型可以利用 CPS-CAIxDS 本身的三维建模和图形设计功能完成，也可以从相关的第三方软件导入已建好的原型，如能制作三维模型的 3D Max、Pro/Egineer、Poser 等和能制作软件界面原型的 Axure、Justinmind、Sketch 等。

应用层是 CPS-CAIxDS 的功能目标。交互设计方案测试模块可以利用已经定义好的交互场景模拟系统运行，检测该情境感知功能是否能达到预期效果。图表模型生成和编辑模块可以根据设计师定义的交互场景和交互情景生成交互设计的图表模型，并支持对其进行编辑。形式化模型生成和编辑模块可以根据已有的图表模型自动生成形式化模型，支持对形式化模型进行编辑。形式化模型文件采用标准的 OWL 格式。

6.5.2　系统工作原理

CPS-CAIxDS 的主要作用在于辅助设计师构建交互设计原型，并对其进行测试，以及基于特定的交互情景生成设计模型。其工作原理如图 6-3 所示。

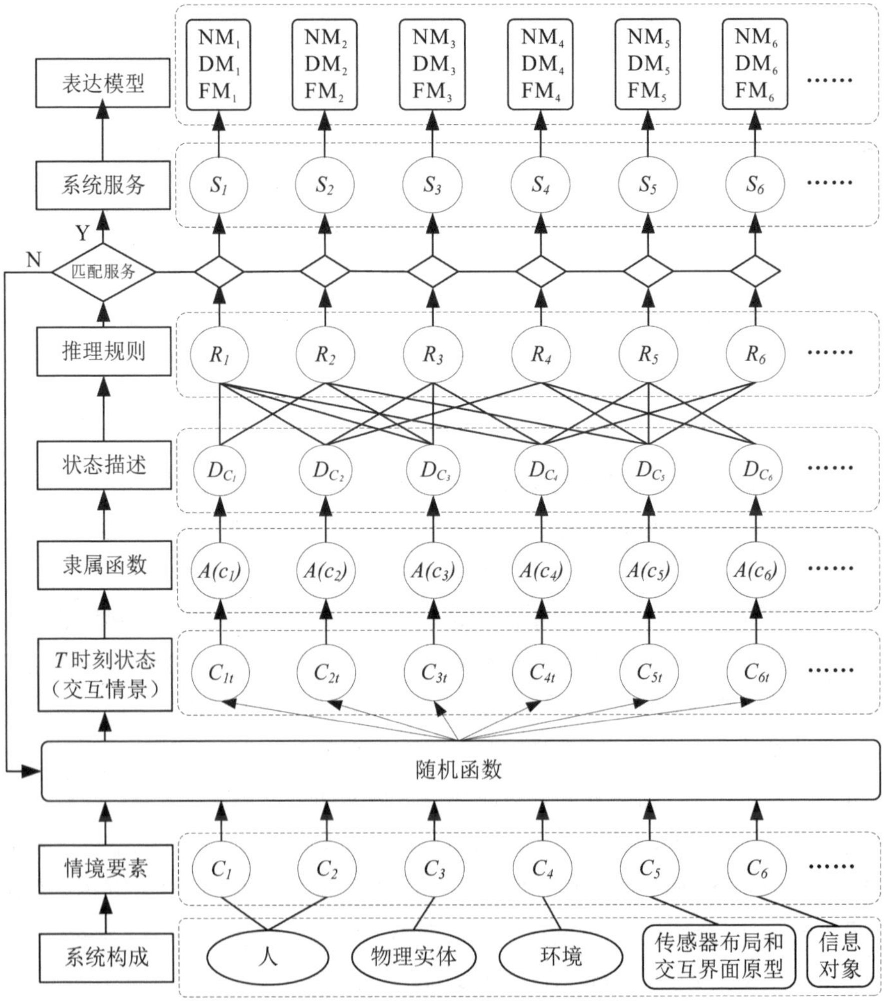

图 6-3　CPS-CAIxDS 的工作原理

设计人员利用 CPS-CAIxDS 构建 CPS 交互设计原型的步骤如下：

（1）利用三维建模软件完成人、物理实体和环境的形态建模，定义相关描述特征的参数；在环境中布局传感器，并导入图形交互界面原型和信息对象。

（2）筛选出系统设计所要关注的具体情境要素。例如，智能浴室系统的开发需要关注用户日程安排信息、室内温度、显示屏分辨率和尺寸、用户视力能力等。

（3）确定所有情境要素的参数范围。例如，用户的行走速度取值范围为 0 ～ 2.8 米 / 秒，系统 CPU 的占用率为 0 ～ 100%，室内环境温度变化范围为 -15 ～ 40 ℃。

（4）CPS-CAIxDS 利用随机函数生成各情境要素在 *T* 时刻的状态参数，即交互情景。

（5）系统利用隶属函数确定各状态参数的隶属，给出相应的描述。例如，对行走速度为 2.4 米 / 秒的对应隶属描述为快速，对室内温度为 25.5 摄氏度的对应隶属描述为最佳适宜温度等。

（6）利用系统设计时制定的推理规则对交互情景进行推理，并找出与之匹配的系统服务，如果依据推理规则，有与当前情景匹配的服务，则依据规则提供服务；如果没有找到与当前情景匹配的服务，则返回到随机函数，继续产生新的交互情景。

（7）CPS-CAIxDS 弹出窗口告知系统所要提供的服务内容。例如，根据交互情景“周六早晨 8 点钟 AND 梳妆镜前有人停留 AND 面向梳妆镜 AND 系统资源可用 AND 信息对象可用”，系统将提供信息推送服务，显示信息内容为“当地当天的天气预报”。

（8）根据具体服务，生成相应的叙事模型（NM）、图表模型（DM）和形式化模型（FM）。

以上步骤中第（4）～（7）步是对所建立交互设计原型的测试过程。图 6-3 中系统构成和情境要素的对应关系仅作为示意，表明具体设计过程中，一项构成要素可能对应多项情境信息。

6.5.3　CPS-CAIxDS 的功能模块

CPS-CAIxDS 主要包括的功能模块如图 6-4 所示，对各功能模块的作用解释如下。

1. 环境建模模块

环境建模模块用于建立人工环境并设定相关环境参数，定义各区域的功能划分，可以利用系统自带的三维建模功能建立诸如墙面、门、窗、屋顶、地面等环境要素，也可以从第三方建模软件导入。同时根据系统功能定义的需要，在该模块设定所需相关的环境参数，如温度、湿度、照度等。系统提供常用的家居环境模板，供用户修改后使用。用户建立好的人工环境存入系统的环境资源库。

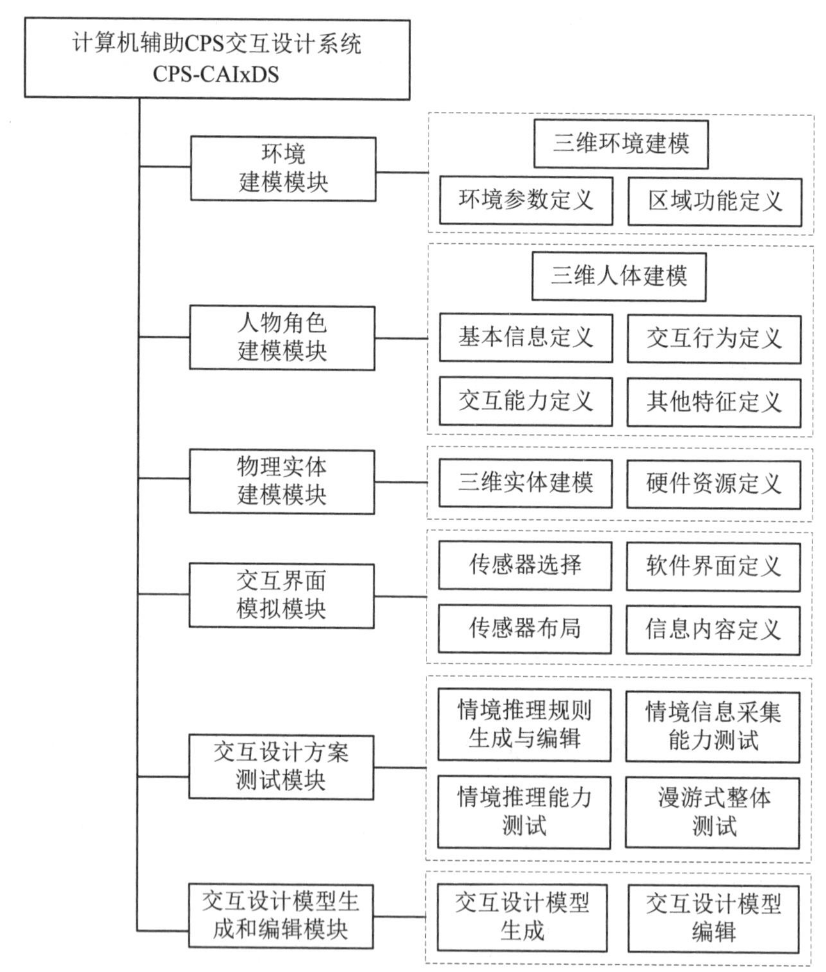

图 6-4　CPS-CAIxDS 的功能模块

2. 人物角色建模模块

人物角色建模模块用于建立人物角色模型并设定相关参数。首先建立人物的三维人体模型，并根据系统功能定义的需要设定相关的基本信息，如性别、年龄、工作、人机界面偏好等，然后设定所需的交互能力，如视野范围、手臂

活动范围、移动速度等，再定义系统服务相关的其他信息，如爱好、行为习惯、与其他角色的社会关系等。系统提供常用的人物角色三维模型，供用户修改后使用。用户建立好的角色模型存入系统的用户模型库。

3. 物理实体建模模块

物理实体建模模块用于建立 CPS 中的相关物理实体模型，包括系统硬件资源和其他实体产品，并设定相关参数。首先建立实物的三维人体模型，并根据系统功能定义的需要设定相关的基本信息，如产品类别、产品功能、具体参数，然后设定其人机交互界面和产品相应的反馈，如按下启动按钮，产品将启动并运行，并设定产品运行动画和状态信息。系统提供常用计算硬件和常见产品的三维模型模板，供用户修改后使用。用户建立好的物理实体模型存入系统的物理实体库。

4. 交互界面模拟模块

交互界面模拟模块用于建立 CPS 中的传感器布局方案以及软件界面原型。从系统的交互界面库中选择合适参数的传感器，将其布局在环境中的特定位置。软件界面原型可以从外部导入，再附到实体产品的显示界面上。

5. 交互设计方案测试模块

交互设计方案测试模块主要完成情境信息采集能力、情境推理能力的测试，以及对交互设计方案的漫游式整体测试。针对情境信息采集能力测试，由系统检测传感器布局方案是否能完成相关情境信息的采集，如需修改，给出相关修改意见。针对情境推理能力测试，首先基于筛选出的情境要素和模糊隶属函数生成相关的推理规则，然后启动测试功能，系统通过随机函数随机生成交互情景，并利用推理规则对情景进行推理，搜索与之匹配的系统服务。漫游式整体测试通过引入虚拟现实硬件，让用户通过扮演设定的用户角色沉浸在系统生成的交互设计原型中，通过各种行为测试设计方案是否能检测到相关的情境信息，并提供相应的服务。这种测试方式能让用户对系统的整体设计有较为全面和系统的认识，测试效果较好。

6. 交互设计模型生成和编辑模块

交互设计模型生成和编辑模块根据设计师制定的交互情景生成相应的交互设计模型，并提供修改编辑功能。生成的图表模型可以导出为标准的图片格式或矢量图格式，供设计团队交流使用；形式化模型可以存储为 OWL 格式，供后续系统开发人员使用。

6.6 系统集成开发

CPS-CAIxDS 在 Virtools 虚拟现实平台上采用 C++ 语言开发，通过 API 接口与 Virtools 集成。在该系统平台上，通过调用 Virtools 的动作引擎和渲染引擎，开发满足 CPS 交互设计原型构建与评估的 Building Block，所建立的系统如图 6-5 所示。

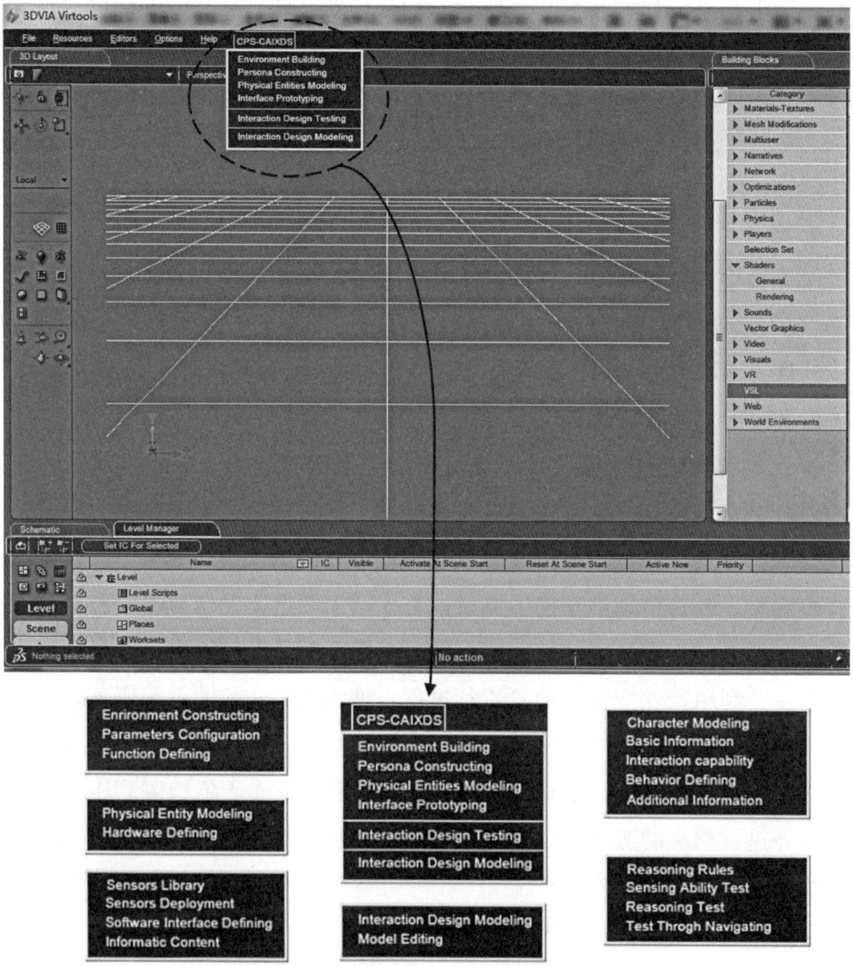

图 6-5　计算机辅助 CPS 交互设计原型构建系统

系统各模块的相关界面如图 6-6 所示。“Reasoning Rules”界面主要用于设定针对信息化服务的推理规则，需要设定推理过程的条件语句和相应的系统行为。

“Behavior Defining”界面主要用于定义用户的行为，需要设定行为发生的时间、空间位置、相关情境要素等。“Interactive Capability”界面主要用于定义用户和系统的交互能力，如用户的视力、视野范围、行走速度、手臂操作力量、计算硬件的运算能力、内存大小等。“Sensors Library”界面主要用于定义系统中将要布局的传感器，界面显示信息根据从传感器库中所选择的传感器类型进行定义。

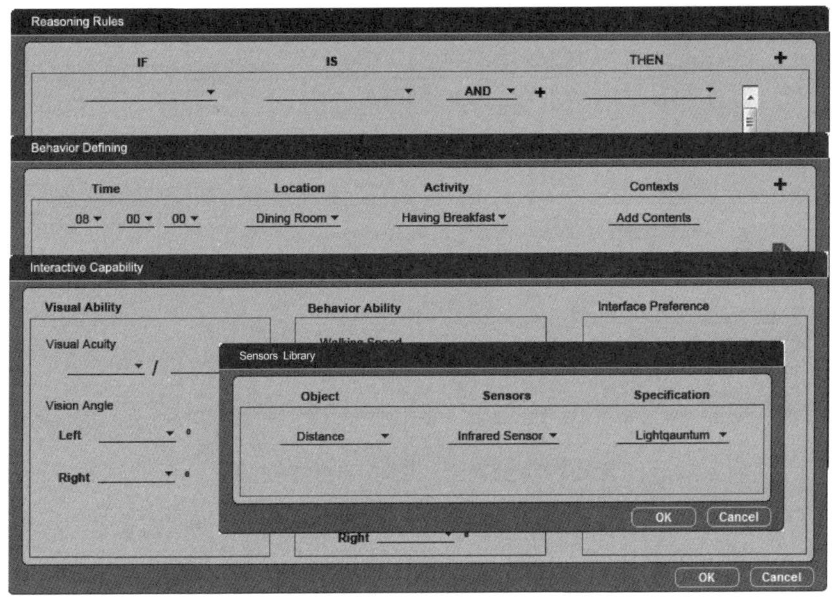

图 6-6 系统各模块相关用户界面

6.7 应用验证

以前文智能浴室系统的主动向用户提供信息服务为例，验证 CPS-CAIxDS 的有效性和在实际设计过程中的使用方法。

利用 CPS-CAIxDS 中为智能浴室建立交互原型的步骤包括：①利用系统的三维环境建模、三维人体建模和三维实体建模功能建立如图 6-7 所示的智能浴室物理空间模型、浴室中的卫浴设施模型和人物角色模型。②定义各物理实体的参数范围和功能、人物角色的各项交互能力和行为特征、浴室空间的环境参数变化范围和系统时间变化范围。③定义需要进行模糊推理的参数的模糊函数；④构造随机函数。⑤定义模糊推理规则。⑥运行交互设计方案测试功能，随机函数作用于第二步定义的各种参数，生成 T 时刻的情境状态，然后基于模

糊推理规则对 T 时刻的情境参数进行推理，如存在相应的系统服务，则调用系统资源，提供服务；如不存在对应的服务，则返回到随机函数继续执行。

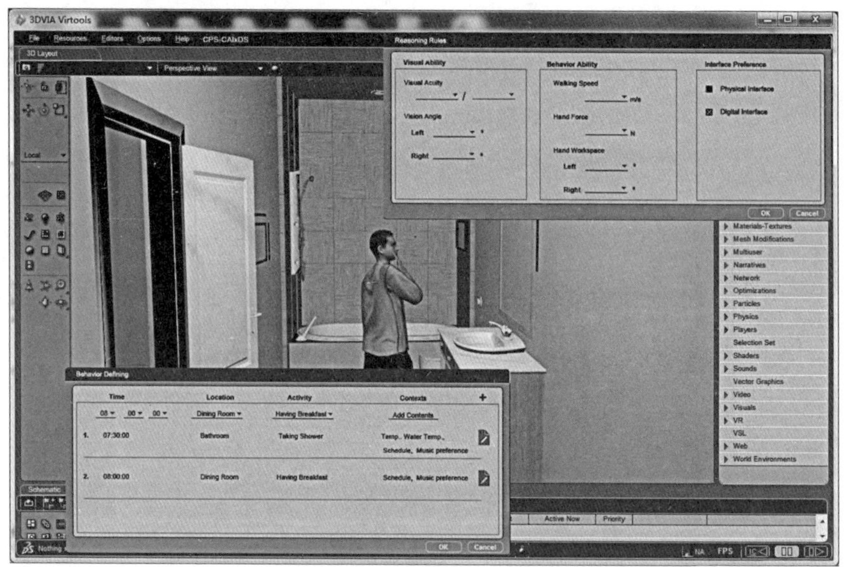

图 6-7　建立环境、实体和用户角色模型

与案例所要验证的系统功能相关的各系统构成要素及其参数如下：

（1）浴室环境的内空间尺寸为 2700 mm×1700 mm×4000 mm，浴室门尺寸为 2000 mm×800 mm，配备相关的吊顶灯和换气扇。

（2）相关卫浴设施和信息显示界面包括尺寸为 1000 mm×530 mm×770 mm 的洗手台，在洗手台上方墙面安装尺寸为 650 mm×800 mm 的梳妆镜（带有显示器功能），其下边缘距离地面 1200 mm，左右两边配置扬声器和两盏功率为 12 W 的照明灯；在浴室尽头安装 1600 mm×700 mm×500 mm 的浴缸，并在一端墙面上安装相关淋浴花洒，在另一端墙面上安装 14 英寸触摸显示屏，下边缘距离地面 1300 mm，左右两边配置扬声器，并对显示屏和扬声器做防水处理；在洗手台和浴缸中间位置靠墙安装马桶，其座面高 365 mm，在马桶位置对面墙上安装 14 英寸触摸显示屏，下边缘距离地面 930 mm，在左右两边配置扬声器。

（3）用户角色为 26 岁男性，身高 175 cm，日常上班族，关注时事动态，喜欢看电影、听音乐以及各类体育运动，对计算机、通信和消费类电子产品接受度高，有较为丰富的相关产品使用经验。交互能力方面，视力为 20/20，属于正常水平；双眼重合视野为水平面左右共 124 度，属于正常水平；手臂活动范围正常，有足够的力量操作触摸屏；听觉能力正常。利用三维人体建模建立该角

色的三维模型，其外轮廓尺寸的中心位置用于检测用户是否存在于某一区域。

从传感器库中选择用于检测用户位置的红外传感器，将其布局在 3 个显示屏的左右两边，设定其作用范围，参见图 6-8。为了保护用户隐私，此应用场景不宜安装摄像头，因此只通过红外传感器判定是否有人在其作用范围。把人物角色定义在梳妆镜前，然后通过情境信息采集能力测试查看传感器是否能捕捉到用户的位置信息。其原理是从系统获取用户所处的位置，计算其身体轮廓的中心位置，然后通过计算判定其中心位置是否在传感器的作用范围之内。

定义情境推理规则。根据案例所要验证的服务，其推理规则为：IF 日期 is 星期六 And 时间 is 早晨（设定为 6:00 ~ 9:00）AND 用户 Located 梳妆镜 Front AND 持续时间 t >3 s，THEN initiate 梳妆镜显示器 AND display 当天当地天气预报信息。启动情境推理能力测试功能，系统利用随机函数给用户角色分配一个位置，然后计算用户是否存在于红外传感器的作用范围，如果存在，计时超过 3 秒后，则在梳妆镜显示器上显示天气预报服务的图片；如果用户角色没有在红外传感器的作用范围内，或停留时间短于 3 秒，则返回到随机函数，继续为用户角色分配随机位置。利用 CPS-CAIxDS 进行情境感知测试的界面如图 6-9 所示。

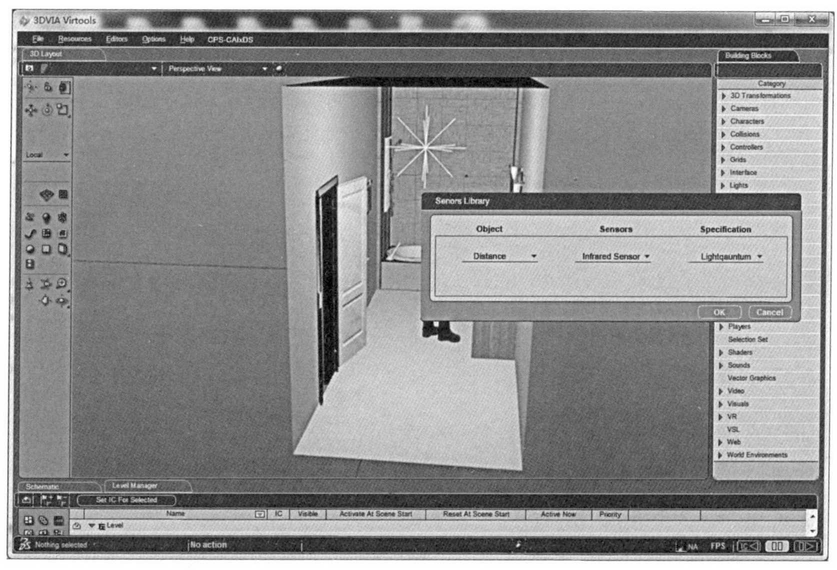

图 6-8　添加传感器并进行数据采集测试

除了通过随机函数随机生成用户角色的位置，进而测试系统的情境感知能力，还可以通过操纵用户角色的三维模型，在浴室内行走，以漫游的方式进行测试，系统会实时监测用户角色的位置，进而执行情境推理。

对情境推理测试完成之后，可以利用 CPS-CAIxDS 的交互设计模型生成模块建立 CPS 交互设计的图表模型，参见图 6-10，在设计师修改确认后，将其转化为系统开发可用的形式化模型。

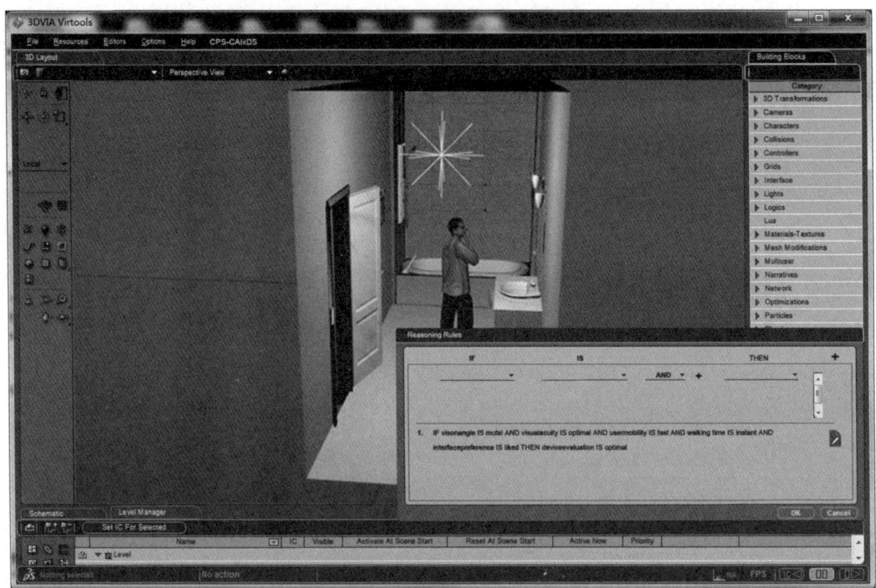

图 6-9　定义情境推理规则并进行情境推理测试

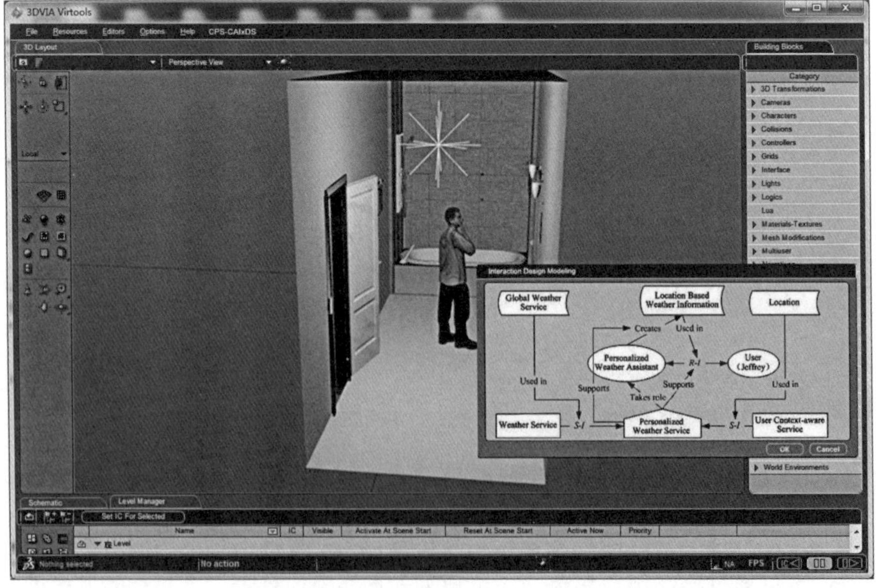

图 6-10　生成交互设计图表模型

6.8 小　结

本章讨论了 CPS 以情境为中心的交互设计原型构建方法和交互设计的评估目标、内容和评估方法。CPS 的交互设计原型构建包括物理实体的样机制作、交互情境的模拟以及信息管理软件的原型设计与制作等。基于设计概念的叙事模型可以梳理每一项系统功能所需的服务资源，整理所有服务资源，梳理出系统开发的物理实体资源表和信息内容资源表，为后续系统原型构建和开发建立工作框架。利用实物模型构建原型的方法能较为真实地呈现设计概念，但成本高、周期长，且无法真实呈现最为重要的情境变化和感知过程，导致对设计方案的评估效果较差。笔者提出了计算机辅助 CPS 交互设计原型系统（CPS-CAIxDS），利用虚拟现实技术建立交互设计原型，并实现对交互设计方案的评估。同时，说明了 CPS-CAIxDS 的总体架构和工作原理，详细描述了各功能模块的作用，并利用智能浴室案例验证了所构建系统的有效性。

参考文献

[1] ISERMANN R. Mechatronic systems—innovative products with embedded control[J]. Control Eng Pract, 2008, 16:14-29.

[2] HARASHIMA F, TOMIZUKA M. Mechatronics—"what it is, why and how?"[J]. IEEE/ASME Trans Mechatron, 1996, 1:1-2.

[3] BISHOP R H, RAMASUBRAMANIAN M K. What is mechatronics?[M]// Overview of mechatronics. Boca Raton: CRC Press LLC, 2002:1-11.

[4] KYURA N, OHO H. Mechatronics—an industrial perspective[J]. IEEE/ASME Trans Mechatron, 1996:1:10-11.

[5] BHAVE A, GARLAN D, KROGH B,et al. Augmenting software architectures with physical components[C]// Proceedings of the embedded real time software and systems conference, 2010:19-21.

[6] MARWEDEL P. Embedded and cyber-physical systems in a nutshell[J]. DACCOM, Knowledge Center Article, 2001:1-21.

[7] HEWITT C. The challenge of open systems: current logic programming methods may be insufficient for developing the intelligent systems of the future[J]. Byte, 1985, 10(4): 223-242.

[8] STANKOVIC J A. Misconceptions about real-time computing: a serious problem for next-generation systems[J]. Comput, 1988, 21(10):10-19.

[9] BENVENISTE A, BERRY G. The synchronous approach to reactive and real-time systems[J]. Proc IEEE, 1991, 79(9): 1270-1282.

[10] BAILLIEUL J, ANTSAKLIS P. Control and communication challenges in networked real-time systems[J]. Proc IEEE, 2007, 95(1): 9-28.

[11] AOYAMA M, TANABE H. A design methodology for real-time distributed software architecture based on the behavioral properties and its application to advanced automotive software[C]// Proceedings of the 18th Asia-Pacific software

engineering conference, IEEE, 2011:211-218.

[12] CHONG C Y, KUMAR S P. Sensor networks: evolution, opportunities, and challenges[J]. Proc IEEE, 2003, 91(8): 1247-125624.

[13] HORVÁTH I, GERRITSEN B H M. Cyber-physical systems: Concepts, technologies and implementation principles[C]. Proceedings of the TMCE, Horváth, I., Rusák, Z., Albers, A., Behrendt, M.(Eds.), Organizing Committee of TMCE, 2012: 19-36.

[14] LEE E A. CPS foundations[C]//Proceedings of the 47th Design Automation Conference. ACM, 2010: 737-742.

[15] POOVENDRAN R. Cyber–physical systems: close encounters between two parallel worlds [Point of view][J]. Proceedings of the IEEE, 2010, 98(8): 1363-1366.

[16] BAHETI R, GILL H. Cyber-physical systems[M]//SAMAD T, ANNASWAMY A. The impact of control technology. New York: IEEE Control Systems Society, 2011: 161-166.

[17] BRANICKY M. CPS initiative overview[C]//Proceedings of the IEEE/RSJ International Conference on Robotics and Cyber-Physical Systems. Washington DC, USA: IEEE, 2008.

[18] TABUADA P. Cyber-physical systems: position paper[C]//NSF Workshop on Cyber-Physical Systems, 2006.

[19] 王中杰 , 谢璐璐 . 信息物理系统研究综述 [J]. 自动化学报 , 2011, 37(10): 1157-1166

[20] 黎作鹏 , 张天驰 , 张菁 . 信息物理系统 (CPS) 研究综述 [J]. 计算机科学 , 2011, 38(9): 25-31.

[21] 何积丰 . 信息物理系统 [J]. 中国计算机学会通讯 , 2010, 6(1): 25-29.

[22] CPS Steering Group. Cyber-physical systems executive summary [EB/OL]. [2011-06-04]. http:// precise.seas.upenn.edu/events/icCPS11/ doc/CPS-Executive-Summary.pdf.

[23] SHA L, GOPALAKRISHNAN S, LIU X, et al. Cyber-physical systems: a new frontier[M]//Machine learning in cyber trust. New York: Springer, 2009: 3-13.

[24] RAJKUMAR R R, LEE I, SHA L, et al. Cyber-physical systems: the next computing revolution [C]//Proceedings of the 47th Design Automation Conference.

ACM, 2010: 731-736.

[25] TAN Y, GODDARD S, REZ L C. A prototype architecture for cyber-physical systems[J]. Acm Sigbed Review, 2008, 5(1):1-2.

[26] KOUBÂA, ANDERSSON B. A vision of cyber physical internet[C]. Instituto Politécnico Do Porto Instituto Superior De Engenharia Do Porto, 2009: 1-6 (Proceedings of the 8th International Workshop on Real-Time Networks, Dublin, Ireland IEEE, 2009: 1-6).

[27] YU C, JING S, LI X. An architecture of cyber physical system based on service[C]// 2012 International Conference on Computer Science & Service System, 2012: 1409-1412.

[28] 温景容 , 武穆清 , 宿景芳 . 信息物理系统 [J]. 自动化学报，2012, 38(4): 507-517.

[29] 谭朋柳 , 舒坚 , 吴振华 . 一种信息-物理融合系统体系结构 [J]. 计算机研究与发展 , 2010, 47(S2):312-316.

[30] 王小乐 , 陈丽娜 , 黄宏斌 , 等 . 一种面向服务的 CPS 体系框架 [J]. 计算机研究与发展 , 2010, 47(z2):299-303.

[31] COOK D J, CRANDALL A, SINGLA G, et al. Detection of social interaction in smart spaces[J]. Cybernetics and Systems: An International Journal, 2010, 41(2):90-104.

[32] VACHER M, CHAHUARA P, LECOUTEUX B, et al. The sweet-home project: Audio processing and decision making in smart home to improve well-being and reliance[C]// Conference proceedings: Annual International Conference of the IEEE Engineering in Medicine and Biology Society. IEEE Engineering in Medicine and Biology Society. Conference. Conf Proc IEEE Eng Med Biol Soc, 2013: 7298-7301.

[33] CHIKHAOUI B, PIGOT H. Towards analytical evaluation of human machine interfaces developed in the context of smart homes[J]. Interacting with Computers, 2010, 22(6):449-464.

[34] HUANG L, WU C, AGHAJAN H. Vision-based user-centric light control for smart environments [J]. Pervasive & Mobile Computing, 2011, 7(2):223-240.

[35] 宁芳 , 金旦亮 . 基于 UCD 的智能家居控制系统界面交互设计 [J]. 包装工程 , 2016(2): 94-98.

[36] 陈卯纯，孙薇，赵小惠 . 物联网智能家居中的人机交互 [J]. 包装工程，2014(2):64-67.

[37] SRINI VASAN. Definition of industrial design [EB/OL]. [2015-12].http://www.icsid.org/about/about/ articles31.htm.

[38] 莫格里奇，许玉铃 . 关键设计报告 [M]. 北京：中信出版社，2011.

[39] SEBRECHTS M M. The Psychology of Human-Computer Interaction[M]. Florida: CRC Press, 1983.

[40] NORMAN D A. Stages and levels in human-machine interaction[J]. International Journal of Man-Machine Studies, 1984, 21(84): 365-375.

[41] NIELSEN J. A virtual protocol model for computer-human interaction[J]. International Journal of Man-Machine Studies, 1986, 24(3): 301-312.

[42] NIELSEN J. Usability inspection methods[J]. Ten Myths of Multimodal Interaction Communications of the Acm, 1995:413-414.

[43] MORAN T P. The command language grammar: A representation for the user interface of interactive computer systems[J]. International journal of man-machine studies, 1981, 15(1): 3-50.

[44] FOLEY J D, VAN DAM. Fundamentals of interactive computer graphics[M]. Reading, MA: Addison-Wesley, 1982.

[45] BUXTON W. Lexical and pragmatic considerations of input structures[J]. Computer Graphics, 1983, 17(1): 31-37.

[46] JOHANNSEN G. Human-machine interaction [J]. Control systems, robotics, and automation, 2003, 19(1): 32-41.

[47] BOY G A. The handbook of human-machine interaction: a human-centered design approach[M]. Hampshire: Ashgate Publishing Ltd., 2012.

[48] RASMUSSEN J. Information processing and human-machine interaction: an approach to cognitive engineering [M]. Elsevier:Elsevier Science Inc., 1986.

[49] ISO 13407: Human-centered design processes for interactive systems. 1999 [S/OL]. Geneva: Int'l Standards Organization. https://www.iso.org/standard/21197.html.

[50] MAO J Y, VRENDENBURG K, SMITH P W, et al. The state of user-centered design practice[J]. IEEE Engineering Management Review, 2005, 33(33): 51-51.

[51] NORMAN D A. Human-centered design considered harmful[J]. ACM

Interactions, 2005, 12(4): 14-19.

[52] NORMAN D A. Logic versus usage: the case for activity-centered design[J]. Interactions, 2006, 13(6): 45-67.

[53] 陈亮 . 以活动为中心的界面设计理论研究 [D]. 西安：陕西科技大学，2008.

[54] WILLIAMS A. User-centered design, activity-centered design, and goal-directed design: a review of three methods for designing web applications.[C]// Proceedings of the 27th Annual International Conference on Design of Communication, SIGDOC 2009, Bloomington, Indiana, USA, 2009:1-8.

[55] HORVÁTH I, GERRITSEN B H M. Outlining nine major design challenges of open, decentralized, adaptive cyber-physical systems[C]//ASME 2013 International Design Engineering Technical Conferences and Computers and Information in Engineering Conference. American Society of Mechanical Engineers, 2013: 1-12.

[56] TIIU K, VAANANEN-VAINIO-MATTILA K. Evolution towards smart home environments: empirical evaluation of three user interfaces[J]. Personal & Ubiquitous Computing, 2004, 8(3-4): 234-240.

[57] SMITH G C. What is interaction design?[J]. Designing Interactions, 2007, 8(1): 20-16.

[58] ADAMS H, VUUREN M V, KANIA S, et al. MontiArc-architectural modeling of interactive distributed and cyber-physical systems[J]. Computer Science, 2014(7): 909-917.

[59] MCTEAR M F. Spoken dialogue technology - toward the conversational user interface.[J]. Acm Computing Surveys, 2004, 34(1):90-169.

[60] SCHROEDER J H, KIDERMAN A D. Method of precision eye-tracking through use of iris edge based landmarks in eye geometry: US, US 20100092049 A1[P]. 2010.

[61] YU J, WANG Z. A video-based facial motion tracking and expression recognition system[J]. Multimedia Tools & Applications, 2016:1-20.

[62] SHYROKAU B, WANG D, SAVITSKI D, et al. Vehicle motion control with subsystem prioritization[J]. Mechatronics, 2014, 30:297-315.

[63] GANDHI V, PRASAD G, COYLE D, et al. EEG-based mobile robot

control through an adaptive brain-robot interface[J]. IEEE Transactions on Systems Man & Cybernetics, 2014, 44(9):1278-1285.

[64] GITT W. In the beginning was information[M]. New York:New Leaf Publishing Group, 2006.

[65] 赵慧亮 , 何林 , 林丽 , 等 . 基于 TOPSIS 的数字化人机界面体验度量评价 [J]. 机械科学与技术 , 2016(1): 120-123.

[66] 毛智刚 . 中国货币网的系统架构设计与实现 [D]. 上海：上海交通大学 , 2011.

[67] 钟明 . 交互设计中基于用户目标的任务分析方法及流程研究 [D]. 长沙：湖南大学 , 2009.

[68] 郭文波 . 基于用户体验的标准化网站设计与开发流程研究 [D]. 上海：上海师范大学 , 2012.

[69] SCHILIT B, ADAMS N, WANT R. Context-aware computing applications[C]//Mobile Computing Systems and Applications, 1994. WMCSA 1994. First Workshop on. IEEE, 1994: 85-90.

[70]BROWN P. J, BOVEY J D, CHEN X. Context-awareness applications: from the laboratory to the marketplace[J]. IEEE Personal Communications, 1997:58-64.

[71] 莫同 , 李伟平 , 吴中海 , 等 . 一种情境感知服务系统框架 [J]. 计算机学报 , 2010, 33(11):2084-2092.

[72] 陈媛媛 , 刘正捷 . 基于活动的情境感知系统交互设计 [J]. 计算机工程与应用 , 2013(20):23-28.

[73] 赵卓 , 卢涛 . 普适计算环境下基于情境的提醒服务自协调策略研究 [J]. 计算机应用研究 , 2015, 32(3):800-805.

[74] DEY A K. Understanding and using context[J]. Personal and ubiquitous computing, 2001, 5(1): 4-7.

[75] JENSEN J C, CHANG D H, LEE E A. A model-based design methodology for cyber-physical systems[C]// Wireless Communications and Mobile Computing Conference (IWCMC), 2011 7th International. IEEE, 2011:1666-1671.

[76] LI T, CAO J, LIANG J, et al. Towards context-aware medical cyber-physical systems: design methodology and a case study[J]. Cyber-Physical Systems, 2014, 1(1):1-19.

[77] WAN J, CANEDO A, Al FARUQUE M A. Functional model-based design methodology for automotive cyber-physical systems[J]. IEEE Systems Journal, 2015:1-12.

[78] Al FARUQUE M A, AHOURI F. A model-based design of cyber-physical energy systems[C]// Design Automation Conference (ASP-DAC), 2014 19th Asia and South Pacific. IEEE, 2014:97-104.

[79] 黄金舫 , 周晓舸 , 朱俊杰 . 基于 CPS 智能综合信息平台的设计 [R]// 中国计量协会冶金分会 2014 年会， 2014.

[80] 梁刚强 . 面向多视图的信息物理系统的分析与设计方法 [D]. 广州：广东工业大学 , 2015.

[81] 周原冰 . 面向航空 MRO 软件系统的人机交互设计研究 [D]. 哈尔滨：哈尔滨工业大学 , 2014.

[82] EDOUARD-THOMAS L, 马钧 , 徐雯霞 . 基于层次分析过程 (AHP) 的汽车人机交互界面 (HMI) 逻辑框架的分析及设计 [J]. 汽车实用技术 , 2013(9):16-19.

[83] DEY A K, ABOWD G D, SALBER D. A conceptual framework and a toolkit for supporting the rapid prototyping of context-aware applications[J]. Human-computer interaction, 2001, 16(2): 97-166.

[84] ABDULRAZAK B, ROY P, GOUIN-VALLERAND C, et al. Micro context-awareness for autonomic pervasive computing[J]. International Journal of Business Data Communications & Networking, 2010, 7(2):427-434.

[85] YAMADA H, SATO Y, OOSHIMA N, et al. Heterogeneous system integration pseudo-SoC technology for Smart-health-care Intelligent Life Monitor Engine & Eco-system (Silmee)[C]// Electronic Components and Technology Conference (ECTC), 2014 IEEE 64th. IEEE, 2014:1729-1734.

[86] OCHOA S F, LÓPEZ-DE-IPIÑA D. Distributed solutions for ubiquitous computing and ambient intelligence[J]. Future Generation Computer Systems, 2014, 34(4):94-96.

[87] GOUIN-VALLERAND C, GIROUX S, ABDULRAZAK B. Tyche project: a context aware self-organization middleware for ubiquitous environment[C]//High Performance Computing and Communications (HPCC), 2011 IEEE 13th International

Conference on. IEEE, 2011: 924-929.

[88] GHORBEL M, MOKHTARI M, RENOUARD S. A distributed approach for assistive service provision in pervasive environment[C]//Proceedings of the 4th international workshop on Wireless mobile applications and services on WLAN hotspots. ACM, 2006: 91-100.

[89] RANGANATHAN A, SHANKAR C, CAMPBELL R. Application polymorphism for autonomic ubiquitous computing[J]. MultiAgent and Grid Systems, 2005, 1(2): 109-129.

[90] SYED A A, LUKKIEN J, FRUNZA R. An architecture for self-organization in pervasive systems[C]//Proceedings of the Conference on Design, Automation and Test in Europe. European Design and Automation Association, 2010: 1548-1553.

[91] NIEVES J C, LINDGREN H. Deliberative argumentation for service provision in smart environments[M]//Multi-agent systems. Berlin & Heidelberg: Springer International Publishing, 2014: 388-397.

[92] LOKE S W, KRISHNASWAMY S, NAING T T. Service domains for ambient services: concept and experimentation[J]. Mobile Networks and Applications, 2005, 10(4): 395-404.

[93] GAJOS K, WELD D S. SUPPLE: automatically generating user interfaces[C]//Proceedings of the 9th international conference on Intelligent user interfaces. ACM, 2004: 93-100.

[94] BEZOLD M, MINKER W. A framework for adapting interactive systems to user behavior[J]. Journal of Ambient Intelligence and Smart Environments, 2010, 2(4): 369-387.

[95] Castillejo E, Almeida A, López-de-Ipiña D. Ontology-based model for supporting dynamic and adaptive user interfaces[J]. International Journal of Human-Computer Interaction, 2014, 30(10): 771-786.

[96] SAKURAI S, ITOH Y, KITAMURA Y, et al. A middleware for seamless use of multiple displays[M]//Interactive Systems. Design, Specification, and Verification. Berlin Heidelberg:Springer, 2008: 252-266.

[97] CHENA G, MING L, KOTZB D. Data-centric middleware for context-aware pervasive computing[J]. Pervasive & Mobile Computing, 2008, 4(2):216-253.

[98] 李伟平，王武生，莫同，等．情境计算研究综述 [J]. 计算机研究与发展，2015, 52(2):542-552.

[99] KELLER K R, SCHLEGEL T. A context taxonomy supporting public system design[C]//. Proceedings of first International Workshop on Model-based Interactive Ubiquitous System 2011. Pisa, Italy, 2011:45-50.

[100] ABOWD G D, MYNATT E D, RODDEN T. The human experience [of ubiquitous computing][J]. IEEE Pervasive Computing, 2002, 1(1):48-57.

[101] SCHMIDT B A, AIDOO K, TAKALUOMA A, et al. Advanced interaction in context[C]// Proc. of the 1st Intl. Symposium on Handheld and Ubiquitous Computing, 2015.

[102] 岳玮宁，董士海，王悦，等．普适计算的人机交互框架研究 [J]. 计算机学报，2004, 27(12):1657-1664.

[103] 顾君忠．情景感知计算 [J]. 华东师范大学学报：自然科学版，2009(5): 1-20.

[104] ZIMMERMANN A． Context management and personalization [EB /OL]. [2015-06-07]. http:// ww.itu.dk / pit /pub/ uploads/Main/zimmermann.phd.pdf.

[105] 陈媛媛．基于活动的情境感知模型与情境感知交互设计 [D]. 大连：大连海事大学，2013.

[106] PERERA C, ZASLAVSKY A, CHRISTEN P, et al. Context aware computing for the internet of things: a survey[J]. Communications Surveys & Tutorials IEEE, 2014, 16(1):414-454.

[107] GWIZDKA B J. What's in the context[C]// GVU Center, Georgia University of Technology, Research report. 2010.

[108] ABDULRAZAK B, ROY P, GOUIN-VALLERAND C, et al. Micro context-awareness for autonomic pervasive computing[J]. International Journal of Business Data Communications & Networking, 2010, 7(2):427-434.

[109] KLIR G J, YUAN B. Fuzzy sets and fuzzy logic: theory and applications[J]. International Encyclopedia of Human Geography, 1995:283-287.

[110] YUAN B, HERBERT J. Fuzzy cara-a fuzzy-based context reasoning system for pervasive healthcare[J]. Procedia Computer Science, 2012, 10: 357-365.

[111] CINGOLANI P, ALCALA-FDEZ J. jFuzzyLogic: a robust and flexible

Fuzzy-Logic inference system language implementation[C]//FUZZ-IEEE. 2012: 1-8.

[112] MURAOKA T, IKEDA H. Selection of display devices used at man-machine interfaces based on human factors[J]. Industrial Electronics, IEEE Transactions on, 2004, 51(2): 501-506.

[113] KADOUCHE R, ABDULRAZAK B, MOKHTARI M, et al. A semantic approach for accessible services delivery in a smart environment[J]. International Journal of Web and Grid Services, 2009, 5: 192-218.

[114] ABELLAN VAN KAN G, et al. Gait speed at usual pace as a predictor of adverse outcomes in community-dwelling older people an international academy on nutrition and aging (iana) task force[J]. The Journal of Nutrition, Health & amp; Aging 2009, 13: 881-889.

[115] CARREY N. Establishing pedestrian walking speeds, Tech. rep., Portland State University – ITE Student Chapter, 2005.

[116] GERALD A. The Likert scale revisited:an alternate version (product preference testing) [J]. Journal of the Market Research Society, 1997, 39(2):331-343.

[117] COOK D J, AUGUSTO J C, JAKKULA V R. Review: ambient intelligence: technologies, applications, and opportunities[J]. Pervasive & Mobile Computing, 2009, 5(4):277-298.

[118] 陈志辉 . 基于时间自动机的信息物理系统建模与验证 [J]. 计算机与现代化 , 2012, 1(10):125-130.

[119] 何明 , 梁文辉 , 陈国华 , 等 . 基于多视图的信息物理系统体系结构研究 [J]. 计算机工程与应用 , 2013, 49(12):25-32.

[120] YOO Y. Computing in everyday life: a call for research on experiential computing[J]. Mis Quarterly, 2010, 34(2):213-231.

[121] 张宁 , 刘正捷 . 基于用户认知能力的自助服务终端界面交互设计方法 [J]. 计算机应用研究 , 2013, 30(8):2455-2460.

[122] DERLER P, LEE E A, TRIPAKIS S, et al. Cyber-physical system design contracts[C]// Cyber-physical systems (ICCPS), 2013 ACM/IEEE International Conference on IEEE, 2013:109-118.

[123] LYYTINEN K. Issues and challenges in ubiquitous computing [J]. Communications of the Acm, 2002, 45(12):62-65.

[124] DEY A. Understanding and using context. [J]. Ubiquitous Computing Journal, 2001, 5(1):4-7.

[125] DAVIS F D. Perceived usefulness, perceived ease of use, and user acceptance of information technology[J]. Mis Quarterly, 1989, 13(3):319-340.

[126] VENKATESH V, DAVIS F D. A theoretical extension of the technology acceptance model: four longitudinal field studies[J]. Management Science Journal of the Institute for Operations Research & the Management Sciences, 2000, 46(2):186-204.

[127] VENKATESH V, BALA H. Technology acceptance model 3 and a research agenda on interventions[J]. Decision Sciences, 2008, 39(2):273-315.

[128] VENKATESH V, MORRIS M G, DAVIS G B, et al. User acceptance of information technology: toward a unified view[J]. Mis Quarterly Management Information Systems, 2003, 27(3):425-478.

[129] VENKATESH V, THONG J Y L, XU X. Consumer acceptance and use of information technology: extending the unified theory of acceptance and use of technology[J]. Social Science Electronic Publishing, 2012, 36(1):157-178.

[130] 苏婉，毕新华，王磊 . 基于 UTAUT 理论的物联网用户接受模型研究 [J]. 情报科学，2013(5): 131-135.

[131] HONG S J, TAM K Y. Understanding the adoption of multipurpose information appliances: the case of mobile data services[J]. Information Systems Research, 2006, 17(2):162-179.

[132] 马燕清 . 基于技术接受模型的电视视频点播使用意向实证研究 [D]. 上海：上海交通大学，2014.

[133] ABDULLAH F, WARD R. Developing a general extended technology acceptance model for E-learning (GETAMEL) by analysing commonly used external factors[J]. Computers in Human Behavior, 2016, 56:238-256.

[134] GOODHUE D L, THOMPSON R L. Task-technology fit and individual performance[J]. MIS Quarterly, 1995, 19(2):213-236.

[135] ZIGURS L, BUCKLAND B K. A theory of task/technology fit and group support systems effectiveness[J]. MIS Quarterly, 1998:313-334.

[136] FULLER R M, DENNIS A R. Does fit matter? The impact of task-

technology fit and appropriation on team performance in repeated tasks[J]. Information Systems Research, 2009, 20(1):2-17.

[137] MATHIESON K，KEIL M．Beyond the interface: ease of use and task / technology fit[J]. Information & Management, 1998, 34(4):221-230.

[138] DISHAW M T，STRONG D M. Extending the technology acceptance model with task technology fit constructs[J]. Information & Management, 1999, 36(1):9-21.

[139] 郭梦怡 . 基于 TTF 和 TAM 整合视角的手机浏览器用户使用意愿研究 [D]. 北京：北京邮电大学 , 2015.

[140] 李君君 , 孙建军 . 网站质量 , 用户感知及技术采纳行为的实证研究 [J]. 情报学报 , 2011, 28(3): 227-236.

[141] YEN D C, WU C S, CHENG F F, et al. Determinants of users' intention to adopt wireless technology: an empirical study by integrating TTF with TAM[J]. Computers in Human Behavior, 2010, 26(5):906-915.

[142] ABOWD G D, DEY A K, BROWN P J, et al. Towards a better understanding of context and context-awareness[C]// Proceedings of the 1st international symposium on Handheld and Ubiquitous Computing Springer-Verlag, 1999:304-307.

[143] MAASS W, JANZEN S. Pattern-based approach for designing with diagrammatic and propositional conceptual models[C]// Proceedings of the 6th international conference on Service-oriented perspectives in design science researchSpringer-Verlag, 2011:192-206.

[144] RANSOM G, JONES R. The experience economy[J]. Director, 2012, 76(6):173-176.

[145] 崔杰 , 党耀国 , 刘思峰 . 基于灰色关联度求解指标权重的改进方法 [J]. 中国管理科学 , 2008, 16(5):141-145.

[146] 王中杰 , 谢璐璐 . 信息物理系统研究综述 [J]. 自动化学报 , 2011, 37(10):1157-1166.

[147] FRIEDEWALD M, COSTA O D, PUNIE Y. Perspectives of ambient intelligence in the home environment[J]. Telematics & Informatics, 2005, 22(3):221-238.

[148] BUJNOWSKI A, PALINAKI A, WTOREK J. An intelligent bathroom[C]// Computer Science and Information Systems (FedCSIS), 2011 Federated Conference on. IEEE, 2011:381-386.

[149] MAASS W, JANZEN S. Towards design engineering of ubiquitous information systems[M]// Design Science Research in Information Systems. Advances in Theory and Practice. Berlin & Heidelberg:Springer , 2012:206-219.

[150] POLANYI M. The tacit dimension[M]. London: Routledge Kegan Paul,1966.

[151] WAND Y, et al. Theoretical foundations for conceptual modelling in information systems development[J]. Decision Support Systems, 1995, 15: 285-304.

[152] PATNAYAKUNI R, RUPPEL C P, RAI A. Managing the complementarity of knowledge integration and process formalization for systems development performance[J]. Journal of the Association for Information Systems, 2006, 7(8): 545-567.

[153] MAASS W, STOREY V C, KOWATSCH T. Effects of external conceptual models and nerbal explanations on shared understanding in small groups[M]// JEUSFELD M, DELCAMBRE L, LING T W. ER 2011. LNCS, vol. 6998, Heidelberg: Springer, 2011: 92-103.

[154] BERA P, KRASNOPEROVA A, WAND Y. Using ontology languages for conceptual modeling[J]. Journal of Database Management, 2010, 21(1): 1-28.

[155] BRACHMAN R, LEVEAQUE H. Knowledge representation and reasoning[M]. CA: Morgan Kaufmann, 2004.

[156] LARSEN T J, NAUMANN, J D. An experimental comparison of abstract and concrete representations in systems-analysis[J]. Information & Management,1992, 22(1): 29-40.

[157] BOOCH G, RAMBAUGH J, et al. The unified modeling language user guide[M]. Redwood: Addision-Wesley, 1999.

[158] SCHEER AW. ARIS business process modeling [M]. Berlin: Springer, 2000.

[159] SIMONS A, GRAHAM I. 30 things that go wrong in object modeliling with UML 1.3[M]// KILOV H, RUMPE B, SIMMONDS I. Behavioral specifications of businesses and systems. Amsterdam: Kluwer Academic Publishers 1999:237-257.

[160] ROBLES LUNA E, ROSSI G, GARRIGÓS I. WebSpec: a visual language for specifying interaction and navigation requirements in web applications[J]. Requirements Engineering, 2011, 16(4): 297-321.

[161] FUXMAN A, et al. Specifying and analyzing early requirements in Tropos[J]. Requirements Engineering, 2004, 9(2): 132-150.

[162] LAMB, R, KLING R. Reconceptualizing users as social actors in information systems research[J]. MIS Quarterly, 2003, 27(2): 197-235.

[163] NGAI E W T, et al. Mobile commerce integrated with RFID technology in a container depot[J]. Decision Support Systems, 2007, 43(1): 62-76.

[164] ALEXANDER C. A pattern language: towns, buildings, construction [M]. Cambridge: Oxford University Press, 1977.

[165] DEY A, ABOWD G. Towards a better understanding of context and context-awareness, in GVU Technical Report[R]. College of Computing, Georgia Institute of Technology, 1999.

[166] KUECHLER W, VAISHNANI V. On theory development in design science research: anatomy of a research project[J]. European Journal of Information Systems, 2008, 17: 489-504.

[167] BERA P, KRASNOPEROVA A, WAND Y. Using ontology languages for conceptual modeling[J]. Journal of Database Management, 2010, 21(1): 1-28.

[168] Julio César Arpírez Vega, Óscar Corcho, Mariano Fernández-López, et al. WebODE: a scalable workbench for ontological engineering[C]// Proceedings of the First International Conference on Knowledge Capture (K-CAP 2001), October 21-23, 2001, Victoria, BC, Canada. ACM, 2001.

[169] The Protégé project [EB/OL]. [2016-4-15]. Http://protege.stanford.edu, 2016.

[170] SURE Y, ERDMANN M, ANGELE J, et al. OntoEdit: collaborative ontology development for the semantic web[M]// The semantic web — ISWC 2002. Berlin & Heidelberg: Springer, 2002: 221-235.

[171] SWARTOUT B, PATIL R, KNIGHT K, et al. Ontosaurus: a tool for browsing and editing ontologies[J]. Knowledge Acquisition Workshops, 1996.

[172] FARQUHAR A, FIKES R, RICE J. The ontolingua server: a tool for collaborative ontology construction[J]. International Journal of Human-Computer Studies, 2000, 46(6):707-727.

[173] BUJNOWSKI A, PALINSKI A, WTOREK J. An intelligent bathroom[J]. Computer Science and Information Systems. IEEE, 2011:381-386.

[174] NING F, JIN D L, UNIVERSITY B F. Interaction design of intelligent home control system based on UCD[J]. Packaging Engineering, 2016, 37(2): 94-98.

[175] HUANG Z, TSAI B L, CHOU J J, et al. Context and user behavior aware intelligent home control using WuKong middleware[C]// IEEE International Conference on Consumer Electronics - Taiwan. IEEE, 2015: 397-413.

[176] CAPLAN A, KATZ D. About face.[J]. Hastings Center Report, 2003, 33(33):86-91.

[177] KANTNER L. Techniques for managing a usability test[J]. IEEE Transactions on Professional Communication, 1994, 37(3): 143-148.

[178] LEWIS C, WHARTON C. Cognitive walkthroughs [M]//Handbook of human-computer interaction. Amsterdam, The Netherlands: Elsevier Science B. V., 1997: 825-836.

[179] NIELSEN J. Heuristic evaluation[J]. Usability Inspection Methods, 1994, 13(3):377-386.

[180] MACGREGOR C, WATERS C, DOULL D, et al. User testing[M]. California: Apress, 20020.